Colored Pictorial Handbook of Tea Plant Pests and Natural Enemies

茶树病虫及天敌图谱

第二版

唐美君◎主编

中国农业出版社
北 京

第二版编委会

主　　编　唐美君

副 主 编　肖　强　周孝贵

参　　编　殷坤山　郭华伟　王志博　孟泽洪　王晓庆　王敏鑫　谢　枫　姚惠明　冷　杨　王礼中

第一版编委会

主　编　唐美君　肖　强

参　编　殷坤山　郭华伟　周孝贵
王志博　王敏鑫　谢　枫
姚惠明　冷　杨　王礼中

第二版前言

《茶树病虫及天敌图谱》第一版自2018年出版以来，深受广大同行和茶叶生产者的喜爱。时光荏苒，第一版出版已近8年，其间病虫鉴定技术和数字科技突飞猛进，研究者们陆续发现报道了一些新的茶树病虫和茶园天敌，重新划分了有些种类的分类地位，开发出了“茶虫茶病”智能识别小程序。为了更好地总结和展示已有研究结果、服务茶叶生产、支撑茶树病虫智能识别，对第一版内容进行修订和完善。

本次修订主要包括三个方面。一是新增病虫和天敌42种，涵盖了近些年来报道的茶树新害虫和新天敌，以及第一版未曾收录的重要病虫和天敌，进一步丰富了图谱收录的种类。二是新增和更新图片35张，重点补充了部分第一版缺失的虫态图片，并对原有像素不够的图片进行替换，进一步提升了图谱的视觉呈现效果。三是学名更新与数据勘误，更新了茶炭疽病等11种病虫的学名，修正了原书中的谬误之处，同时删除了茶谷蛾等3种分类地位变更或存疑的条目，进一步提高了内容的准确性。本次修订力求使图谱在物种数量、图片质量和数据可靠性等方面渐臻完善，为读者提供更精准、更实用的参考资料。

《茶树病虫及天敌图谱》第二版秉承第一版的编写特色，以高清生态图片为核心，系统呈现病虫的典型症状、关键识别特征及为害状，并配以简明扼要的生物学特性描述和防治要点。全书共收录17种病害、109种虫害和51种天敌，展示图片580余张，是目前同类书籍中病虫及天敌种类和图片较为全面的一本工具书。本书既可为茶树植保科研工作者提供专业参考，又能帮助广大茶农精准识别病虫并采取科学防控措施。

本次修订得到了中国农业科学院创新工程项目的支持，还得到了贵州省茶叶研究所和重庆茶叶研究所等单位同行专家的大力协助，在此一并表示感谢。

尽管在修订过程中竭尽全力，但是书中难免存在不足之处，恳请各位专家和读者指正。

编 者

2025年3月

第一版前言

茶源于中国，传播到世界。世界上很多国家的人都有饮茶习惯，也有一些国家种植茶树，而我国是茶园面积最大、茶叶产量最高的国家。据统计，2017 年我国茶园面积接近 300 万公顷，茶叶产量达到 250 万吨，约占世界茶园面积的 65%、茶叶产量的 45%。

茶树种植过程中，病虫防治是一个重要的环节。正确识别病虫，认识和了解天敌习性是病虫科学防治的前提，同时也是减少茶园用药、提高茶叶质量和安全水平的关键。茶园病虫和天敌种类繁多，目前已有记录的病虫达 930 多种、病虫天敌达 950 多种。随着全球气候变暖，我国种植结构的调整和农药使用的更新，茶园病虫和天敌的种类也随之发生变化。同时，随着生物学技术手段的发展，人们对茶园病虫和天敌种类的鉴定技术也在不断进步，有的种类的种名进行了重新修订，有的种类在茶园中被发现，成为茶树病虫新记录。在科技基础性工作专项课题的资助下，编者对茶园病虫及天敌的主要种类和常见种类，以及近年来新修订、新记录的一些种类进行了图片拍摄和整理，编撰形成了本图谱，以期对科技人员及广大茶农在病虫识别防控和天敌利用上有所帮助。

本书共收录了 15 种茶树病害、89 种茶树虫害、34 种病虫天敌的相关图片共 450 余张，以丰富多变的图片形式，将不同虫态、同一虫态不同体色、典型的症状或为害状等内容展示给读者；以简明扼要的文字，着重介绍了病虫害的识别、习性和防治措施，以及病虫天敌的形态和习性。同时，为方便读者查阅检索，在附录部分还增加了茶树病虫及天敌学名索引。

因编者能力和水平所限，书中不足在所难免，恳请读者批评指正。

编 者

2018 年 1 月

目 录

第一章 病 害

第二章 虫 害

第三章 病虫天敌

第一章 病　害

1 茶饼病

茶饼病，又称叶肿病、疱状叶枯病，是茶树上一种重要的芽叶病害。病原菌 *Exobasidium vexans* Massee，属担子菌门、外担菌目、外担菌科、外担菌属。

分布为害 我国南方产茶省份局部发生，以四川、贵州、云南 3 省的山区茶园发病较重，近年来在浙江、福建、湖北、广西等省份山区茶园发生较多。茶饼病可直接影响茶叶产量，同时其病叶制茶易碎，所制干茶苦涩，影响茶叶品质。

症　状 茶饼病主要发生在嫩叶上，病斑多正面凹陷，浅黄褐色至暗红色，背面凸起，形成了馒头状，即疱斑。叶背凸起部分表面覆有一层灰白色或粉红色或灰色粉末状物，后期粉末消失，凸起部分萎缩成褐色枯斑，边缘有一灰白色圈，似饼状。一张嫩叶上可形成多个疱斑，严重时可达十几个。

发病规律 茶饼病属低温高湿型病害。一般在春茶期和秋茶期发病较重，而在夏季高温干旱季节发病轻；丘陵、平地的郁闭茶园，多雨情况下发病重；多雾的高山、高湿凹地及露水不易干燥的茶园发病早且重；管理粗放，茶园通风不良、密闭高湿的发病重；大叶种比小叶种发病重。

防治措施 （1）调运茶苗时应加强检疫。（2）加强茶园管理，改善茶园通风透光性。勤除杂草，砍除荫蔽树，注意减少遮光。（3）增施钾肥和有机肥，提高茶树抗病力。（4）药剂防治：在病害发生初期，视天气情况及时喷药。可选用 250 克 / 升吡唑醚菌酯悬浮剂 1000 ～ 1500 倍液，或 3% 多抗霉素可湿性粉剂 300 倍液。非生产季节，可选用 45% 石硫合剂晶体 150 倍液，或 0.6% ～ 0.7% 石灰半量式波尔多液。

茶饼病病斑

茶饼病为害状

2 茶网饼病

茶网饼病，又称网烧病、白霉病，是茶树上一种偶发的叶部病害。病原菌 *Exobasidium reticulatum* Ito et Sawada，属担子菌门、外担菌目、外担菌科、外担菌属。

分布为害 我国华南、西南和江南茶区局部发生，发生程度较茶饼病轻。茶网饼病发生的茶园病叶常枯萎脱落，严重时对翌年春茶产量有影响。

症　状 茶网饼病主要发生在成叶上，也可为害老叶和嫩叶。发病初期，在叶片上产生针头大小的淡绿色斑点、边缘不明显，之后病斑渐渐扩大，直至整个叶片。患病叶背面常沿着叶脉出现网状凸起，上覆有白色粉状物，故名网饼病。病叶在变成紫褐色或紫黑色后，常枯萎脱落。

发病规律 茶网饼病的发病条件和茶饼病相似，也属低温高湿型病害。一般在比较阴湿的茶园或山间地带发病较重，平地茶园则发病较轻。

防治措施 参照茶饼病。

茶网饼病病斑（正面）

茶网饼病病斑（背面）

3 茶炭疽病

茶炭疽病，是茶园常见的茶树叶部病害。病原菌 *Sinodiscula theae-sinensis*（Miyake），属子囊菌门、间座壳目、小黑盘壳科、中华座盘孢属。

分布为害 我国各产茶区均有发生。发病后茶树出现大量枯焦病叶，严重发生时可引起大量落叶，影响茶树生长势和茶叶产量。

症　　状 茶炭疽病主要发生在茶树成叶上。初期病斑呈暗绿色水渍状，病斑常沿叶脉蔓延扩大，并变为褐色或红褐色，后期可变为灰白色。病斑形状大小不一，但一般在叶片近叶柄部呈大型红褐色枯斑，有时可蔓及叶的一半以上。边缘有黄褐色隆起线，与健全部分界限明显。病斑正面可散生许多黑色、细小的凸出粒点。

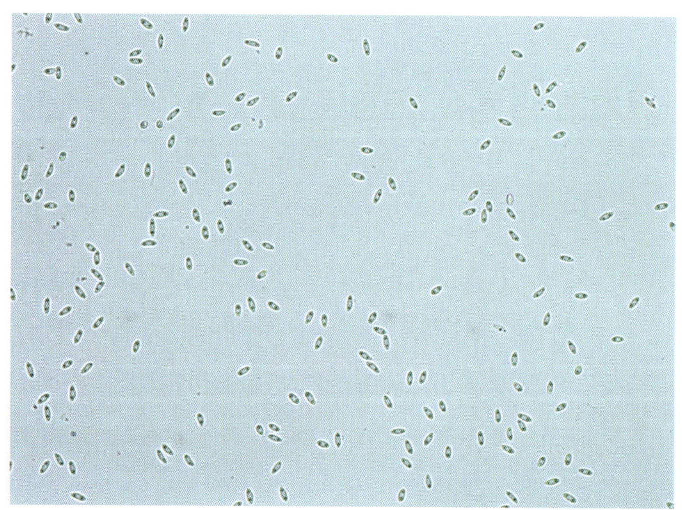

茶炭疽病病原菌分生孢子

茶炭疽病病斑

发病规律 茶炭疽病病菌潜育期较长，一般多在嫩叶期侵入，在成叶期才出现症状。温湿度是影响茶炭疽病发生的最重要气候因素，春夏之交及秋季雨水较多的季节，茶炭疽病发生较重。

防治措施 （1）选用抗病品种。（2）加强茶园管理，及时清理枯枝落叶，减少翌年病原菌的来源。合理施肥，增强树势。（3）药剂防治：防治时期应掌握在发病初期或发病前，可选用250克/升吡唑醚菌酯悬浮剂1000～1500倍液，或10%苯醚甲环唑水分散粒剂1500倍液，或75%百菌清可湿性粉剂600～800倍液，或99%矿物油乳油100倍液等进行防治。

茶炭疽病为害状（初夏发病盛期）

茶炭疽病为害状（秋冬季茶枝上病叶脱落）

4 茶轮斑病

茶轮斑病，又称茶梢枯死病，是茶园常见的叶部病害。病原菌种类较多，其中常见种 *Pseudopestalotiopsis theae*（Sawada）属子囊菌门、圆孔壳目、孢梗束科、假拟盘多毛孢属。

分布为害 我国各产茶区均有发生。受害叶片会大量脱落，严重时引起枯梢，致使树势衰弱，产量下降。

症　　状 茶轮斑病主要为害成叶和老叶。常从叶尖或叶缘上开始发病，逐渐扩展为圆形至椭圆形或不规则褐色大病斑，成叶和老叶上的病斑具明显的同心轮纹。发病后期病斑中间变成灰白色，湿度大时出现呈轮纹状排列的浓黑色小粒点。茶轮斑病还可侵染嫩梢，导致枝枯叶落，扦插苗则会引起整株死亡。

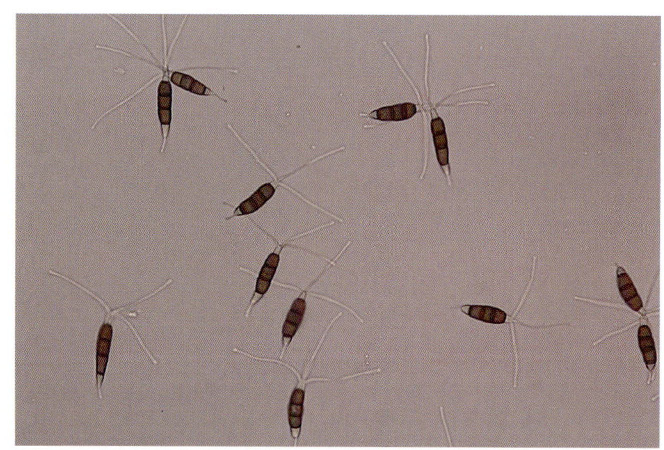

茶轮斑病病原菌分生孢子

茶轮斑病病斑

发病规律 茶轮斑病病原菌为弱寄生菌，病菌孢子主要从叶片的伤口处（如采摘、修剪、机采的伤口及害虫为害部位）侵入，病菌对无伤口的叶片一般无致病力。高温高湿有利于茶轮斑病的发生，一般在夏、秋两季发生较重。排水不良、扦插苗圃或密植茶园易发病。

防治措施 （1）因地制宜选用抗性品种或耐病品种。（2）加强茶园管理，勤除杂草，及时排除积水，合理施肥，促使茶树生长健壮，提高抗病能力。（3）药剂防治：可选用10%苯醚甲环唑水分散粒剂1000～1500倍液，或250克/升吡唑醚菌酯悬浮剂1000～1500倍液等药剂进行叶面喷雾。施药时间掌握在春茶结束后（5月中下旬）和修剪后。扦插苗圃在高温高湿季节或在温室苗圃都应及早喷药防治，以防止茎腐症状的出现。

茶轮斑病症状

茶轮斑病为害状

5 茶云纹叶枯病

茶云纹叶枯病，又称叶枯病，是茶园常见的一种叶部病害。病原菌种类较多，其中优势种有性态 *Glomerella cingulata* (Stonem.) 属子囊菌门、小丛壳目、小丛壳科、小丛壳属，无性态 *Colletotrichum camelliae* Massee 属小丛壳目、小丛壳科、炭疽菌属。

分布为害 我国各产茶区均有发生。病害发生严重的茶园成片呈枯褐色，叶片早期脱落，幼龄茶树则可能整株枯死。

症　状 茶云纹叶枯病多从叶尖或叶缘发生，褐色，半圆形或不规则形，上生波浪状轮纹，似云纹状；后期病斑中央变灰白色，病斑上有灰黑色扁平的小粒点，且沿轮纹排列。嫩叶上的病斑初为圆形褐色，后变黑褐色。在枝条上可形成灰褐色斑块，椭圆形略凹陷，生有灰黑色小粒点，常造成枝梢干枯。

发病规律 茶云纹叶枯病为高温高湿型病害，8 月下旬至 9 月上旬为发病盛期。地下水位高、排水不良、肥料不足的茶园易发此病，茶树受冻或旱害或夏季阳光直射造成日灼斑后都易发此病。品种间抗病性差异明显，云南大叶种、凤凰水仙等品种易感病。

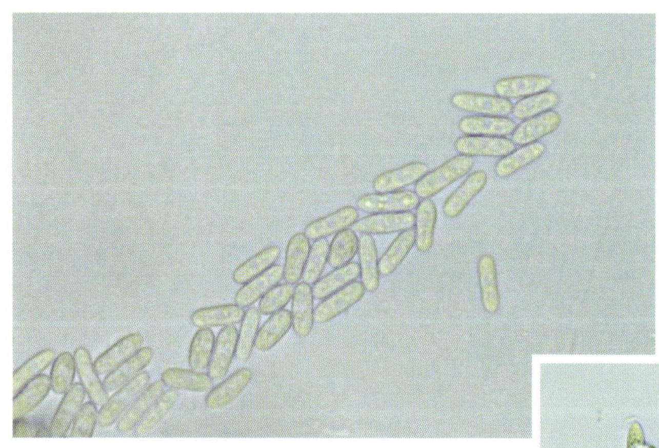

茶云纹叶枯病病原菌分生孢子

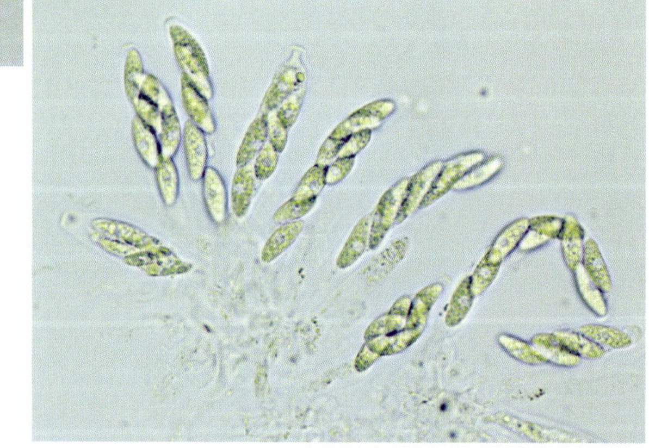

茶云纹叶枯病病原菌子囊及子囊孢子

防治措施 (1) 加强茶园管理，增施肥料，勤除杂草，抗旱防冻，促使茶树生长健壮，提高抗病力。(2) 药剂防治：可选用 75% 百菌清可湿性粉剂 600 ~ 800 倍液，或 99% 矿物油 100 ~ 150 倍液等药剂进行防治。非采茶期和非采摘茶园可选用 0.6% ~ 0.7% 石灰半量式波尔多液。

茶云纹叶枯病病斑（正面）

茶云纹叶枯病病斑（背面）

茶云纹叶枯病病斑（叶尖）

6 茶白星病

茶白星病，又称点星病，是茶树上一种重要的芽叶病害。病原菌 *Elsinoe leucospila* Bitancoum Jinkins，属子囊菌门、多腔菌目、痂囊腔菌科、痂囊腔菌属。

分布为害 我国各茶区均有发生，多分布在高山茶园。主要为害春茶、夏茶的嫩叶和茎干，影响茶叶的生长，且病叶加工的成茶味苦、色浑、易碎，影响茶叶品质。

症　　状 茶白星病主要发生在茶树的嫩叶和新梢。开始时病斑呈针头大的褐色小点，之后渐渐扩大成直径 0.3 ~ 1.0 毫米的圆形病斑，最大直径可达 2 毫米。病斑边缘暗紫褐色，中央呈灰褐色至灰白色，散生黑色小粒点。病斑周围有黄色晕圈，形成鸟眼状，有时中央部龟裂形成孔洞。发生严重时，病斑可相互合并成不规则形大斑，引起大量落叶。

发病规律 茶白星病病菌以菌丝体或分生孢子器在病组织中越冬。翌年春季气温在 10℃以上、湿度适宜时形成孢子，孢子成熟后萌芽，侵染幼嫩组织，经 1 ~ 2 天后，出现新病斑。之后病斑上又形成黑色小粒点，产生孢子。孢子借风雨传播，进行再侵染。

茶白星病属低温高湿型病害。一般在气温 16 ~ 24℃、相对湿度 80%以上时发病重。当旬平均气温高于 25℃时，则不利于发病。多雨的情况下发病重。茶白星病的发生程度和茶园海拔高

茶白星病病斑

度密切相关，海拔 900 米以上的高山茶园发病重。春茶与秋茶时期是两个发生高峰期，尤其是春茶多雨季节发生最为严重。

防治措施 （1）及时分批采茶可减少侵染源，减轻发病。在茶白星病高发茶区，春茶采摘后可大面积深修剪以降低病原基数。（2）增施有机肥和钾肥可使树势强壮，提高抗病性。（3）必要时可选用药剂进行防治。在发病初期，选用 10% 苯醚甲环唑水分散粒剂 1000 倍液，或 250 克 / 升吡唑醚菌酯悬浮剂 1000 倍液进行防治。非采茶期可采用 0.6% ～ 0.7% 石灰半量式波尔多液进行防治。

茶白星病为害状

7 茶圆赤星病

茶圆赤星病，又称茶褐色圆星病，是茶树芽叶病害之一。病原菌 *Cercospora theae*（Cav.）Breda de Haan，属子囊菌门、球腔菌目、球腔菌科、尾孢霉属。

分布为害 我国各产茶区均有发生，浙江、安徽、湖南、四川、云南等产茶省发生较普遍，主要发生在高山茶园。在春茶期发生严重，影响产量。

症　状 茶圆赤星病主要发生在茶树的嫩叶和新梢。初期呈褐色针头状小点，逐渐扩大为褐色或紫色小斑，边缘深褐色，中央凹陷，呈灰褐色。病斑直径 0.8 ～ 1.2 毫米，同一张叶片上，多个病斑可连成不规则的大斑；还可为害叶柄，引起叶片脱落；新梢发病，病斑可以扩展至茎。

茶圆赤星病病斑

发病规律 茶圆赤星病属低温高湿型病害，以春、秋多雨季节发生严重。凡日照时间短、阴湿雾大的茶园发生较重。茶园管理粗放、肥料不足、采摘过度、茶树生长弱的茶苗或生长较柔嫩的茶苗易发病。

防治措施 （1）在早春结合修剪，清除有病枝叶，减少初次侵染来源。（2）加强管理，合理施肥，增强树势。（3）药剂防治：一般宜在早春及发病初期用药，可选用 75% 百菌清可湿性粉剂 600 ～ 800 倍液，或 99% 矿物油 100 ～ 150 倍液等药剂进行防治。非采茶期和非采摘茶园可选用 0.6% ～ 0.7% 石灰半量式波尔多液。

茶圆赤星病为害状

8 茶煤病

茶煤病是一类发生普遍的叶部病害。病原菌是一个庞大的类群，可分为寄生性和腐生性两类，其中最常见的病原菌 *Neocapnodium theae* Hara 属子囊菌门、煤炱目、煤炱科、新煤炱属。

分布为害 全国各产茶区均有发生。茶煤病的发生使得茶树进行光合作用的面积减少，引起茶树树势衰老，芽叶生长受阻，影响产量。

症　　状 茶煤病发生在茶树枝叶上，以叶片为主。初期症状在叶片正面产生黑色圆形或不规则形的小斑，病斑逐渐扩大，严重时可以覆盖整个叶面，茶园呈现一片乌黑。

发病规律 茶煤病病原菌主要从为害茶树的粉虱、蚧虫、蚜虫分泌的蜜露中获得营养，因此茶煤病的发生与这几类害虫密切相关。茶园管理不良、荫蔽潮湿，粉虱、蚧虫往往发生严重，有利于茶煤病的发生。

防治措施 （1）加强茶园管理，适当修剪，以利于通风透光、增强树势，可减轻茶煤病的发生。（2）控制粉虱、蚧虫和蚜虫的为害。

茶煤病为害状

9 茶赤叶斑病

茶赤叶斑病是茶园常见的茶树叶部病害。病原菌 *Phyllosticta theicola* Petch，属子囊菌门、葡萄座腔菌目、叶点霉科、叶点霉属。

分布为害 茶赤叶斑病在我国各产茶区均有分布。主要为害成叶和老叶，也可侵染嫩叶。发病后茶树出现大量枯焦病叶，发生严重时，常引起叶片大量枯焦脱落。

症　　状 病斑多从叶尖或边缘发生，初为淡褐色，后变为赤褐色，逐渐扩大，蔓延至半叶、全叶。病斑大型，色泽均匀一致，病健交界处常有深褐色纹线，与健部分界明显。后期病斑上密生凸起的黑色小粒点。叶背病斑黄褐色，较叶面色浅。

发病规律 茶赤叶斑病以菌丝体或分生孢子器在病叶中越冬。全年从 5—6 月开始发生，7—8 月发生最盛。高温干旱时，植株水分供应不足，抗病力下降，发病重。台刈后的茶树及土层浅薄的茶园，在夏季干旱期容易表现水分供应不平衡，常发病较重。

防治措施 （1）夏季干旱期，进行茶园灌溉、土壤覆盖或种植荫蔽树，以抑制发病。（2）适时用药防治。防治时期应掌握在发病初期或发病前，可选用 250 克 / 升吡唑醚菌酯悬浮剂 1000 ～ 1500 倍液，或 10% 苯醚甲环唑水分散粒剂 1500 倍液，或 75% 百菌清可湿性粉剂 600 ～ 800 倍液等进行防治。

茶赤叶斑病症状

茶赤叶斑病后期病斑

10 茶毛发病

茶毛发病，又称马鬃病，是一种茶树枝干病害。病原菌 *Marasmius equicrinis* Muell et Berk.，属担子菌门、伞菌目、小皮伞科、小皮伞属。

分布为害 茶毛发病分布于广东、贵州、云南、四川、安徽、浙江、台湾等省。以根索状菌丝体附着于枝条和叶片为害，发生严重时，可使茶树树势衰弱，芽梢生长受阻。

症　　状 在茶树枝条上缠绕有许多散乱无序，形似马鬃的黑色毛发般丝状物，长度可达60厘米以上，丝状物多从茶丛内部的枝干上开始出现，逐渐向上方蔓延到叶部，并可形成褐色、小型的盘状吸器，借以固定在叶片和枝条表面吸取养分。

发病规律 茶毛发病以菌丝束在茶树上或落叶上越冬，在枯枝落叶上的菌索可形成伞状子实体，子实体成熟时，在菌伞下方形成担子层，担孢子可由风传播。菌束和担孢子菌可进行再侵染。茶毛发病害多发生在潮湿茶园中。

防治措施 （1）及时疏枝，使茶树透风；注意排水，降低茶园内部湿度，以抑制茶树发病。（2）剪除带菌丝的病株并清除出园。（3）选用茶园常用杀菌剂喷雾防治，药剂参照茶饼病。

茶毛发病症状

11 茶枝梢黑点病

茶枝梢黑点病是真菌引起的一种茶树茎部病害。病原菌 *Cenangium* sp.，属子囊菌门、柔膜菌目、柔膜菌科、薄盘菌属。

分布为害 我国各主要产茶区均有发生。发病严重的茶树芽叶稀疏、瘦黄，枝梢上部叶片大量脱落；在干旱季节，病梢上部芽叶常表现萎蔫枯焦的现象，严重时全梢枯死。

症　状 茶枝梢黑点病发生在当年生半木质化枝梢上。受害枝梢初期出现不规则灰色病斑，之后逐渐扩展，长可达 10 ～ 15 厘米，病斑呈灰白色，表面散生许多黑色带有光泽的圆形或椭圆形小粒点。

发病规律 5 月上旬至 6 月上旬是茶枝梢黑点病的传播蔓延期。一般在台刈复壮茶园和条栽壮龄茶园发生较重。品种间的差异显著，一般枝叶生长茂盛、发芽早的品种易感病，而普通品种发病相对较轻。

防治措施 （1）因地制宜选用抗病品种。（2）剪除病梢：早春根据树势和头年病情决定修剪的深度，应尽可能将剪下的枯枝落叶清理出茶园并妥善处理，一般无须药剂防治。

茶枝梢黑点病（左为病枝，右为健枝）

12 茶苗根结线虫病

茶苗根结线虫病是由线虫引起的一种根部病害。病原物 *Meloidogyne* sp.，为一种根结线虫，属线形动物门、垫刃目、垫刃科、根结线虫属。

分布为害 茶苗根结线虫病主要发生在我国广东、广西、海南和云南等省份。茶树实生苗或扦插苗感染根结线虫病后，地上部分发黄，树势衰弱，严重时幼苗死亡。

症　状 发病茶树幼苗地上部分黄化、生长矮小，地下部分主根和侧根上有瘤状物，小的似小米粒，大的似黄豆，有时几个瘤状物相互愈合在一起形成不规则的瘤状物。病根畸形，常无须根。严重时一株茶树幼苗根系上有几十个至上百个瘤状物。后期这些瘤状物腐烂，致使全株枯萎死亡。

发病规律 茶苗根结线虫病主要为害 1 ～ 2 年生茶树实生苗或扦插苗，3 年生以上的茶树幼苗一般不发病。病原线虫的幼虫和雄成虫均可在土壤中自由活动，雌成虫则固定在根瘤中为害茶树幼根。茶苗根结线虫病可通过苗木进行远距离传播。熟地种茶的发病常重于生荒地。

防治措施 （1）加强检疫，选用无病苗木，防止线虫的长距离传播。（2）选择生荒地种茶，或种茶前提前耕翻土壤，将线虫翻至表土层，在烈日下暴晒。可在种植前或在苗圃行间种一些根部分泌物能抑制线虫生长的植物，如万寿菊、危地马拉草等，以减少土壤中的线虫数。

茶苗根结线虫病为害状

13 茶红根腐病

茶红根腐病是一种常见的根部病害。病原菌 *Poria hypolateritia*（Berk.） Cooke，属担子菌门、多孔菌目、多孔菌科、卧孔菌属。

分布为害 我国部分茶区有发生，以南方茶区发生较普遍。发生茶红根腐病的病株常常突然死亡，造成茶行缺株，茶园不整齐。

症　状 茶红根腐病一般发生在成龄茶树上，茶树染病后叶片稀疏、树势衰弱。有时会出现回枯症状，病株死亡后的萎凋叶片仍可在茶树枝干上附着一段时间而不脱落。挖开茶树根部，其主根上常有泥沙组成的黏附物，用水冲洗除去黏附物后，可见病根表面有革质分枝状菌膜。菌膜初期呈白色，后转为红色、暗红色或紫红色。发病后期病根表面有黄褐色、红褐色或黑色菌丝组成的垫状物。剥开根部外皮，在皮层与木质部间有白色菌膜，木质部一般无条纹。根颈部或茎部常生有平伏状或灵芝状子实体。

发病规律 茶红根腐病主要通过病根和健根的接触进行传播，其次是担孢子借风雨传播。茶红根腐病的发展进程很慢，有时侵染后需经 10 年以上才会表现症状。茶园中的树木残桩常成为病原菌的过渡性寄主，风折、雷击后枯死茶树不及时处理的茶园，以及地下水位高、树势衰弱的茶园往往发病较重。

防治措施 （1）及时挖除病株。（2）适当施肥改良土壤，降低地下水位进行预防。（3）药剂防治：可在病树基部挖 15 ～ 20 厘米深的环形沟，用 75% 百菌清可湿性粉剂 600 ～ 800 倍液均匀灌浇。

茶红根腐病症状

茶红根腐病为害状

14 地衣和苔藓

地衣和苔藓是寄生在茶树枝干上的一种低等生物。地衣是真菌和藻类的共生体，苔藓属低等植物。

分布为害 我国各产茶区均有分布，以阴湿的衰老茶园发生普遍。地衣和苔藓附生在枝干上，使茶树树势更趋衰老，产量下降，并为害虫提供越冬和藏匿的场所。

症　状 地衣是一种青灰色叶状体，根据外形可分为三种。一是叶状地衣，扁平，形如叶片，平铺在枝干表面，有时边缘反卷。二是壳状地衣，形状不一的深褐色假根状体，紧贴于树皮上，不易剥离；常见的有文字地衣，呈皮壳状，表面有黑纹。三是枝状地衣，叶状体直立或下垂如丝，呈树枝状分枝。苔藓呈黄绿色青苔状或毛发状，以假根附着在枝干上吸收水分，通过绿色的假茎和假叶进行光合作用。

茶树上的地衣

发病规律 地衣和苔藓一般在5—6月温暖潮湿的季节生长最盛。苔藓多发生在阴湿的茶园，地衣则在山地茶园发生较多。老茶园树势衰弱、树皮粗糙易发病，生产上管理粗放、杂草丛生、土壤黏重及湿气滞留的茶园发病重。

防治措施 (1) 及时清除茶园杂草，合理疏枝，清理丛脚，改善茶园小气候。加强茶园肥培管理，使茶树生长旺盛，提高抗病力。(2) 药剂防治：秋冬停止采茶期，用草木灰浸出液煮沸之后进行浓缩，涂抹在地衣或苔藓病部，控制病害的发展。(3) 发生严重的茶园，可采用深修剪或重修剪进行茶园改造。

茶树上的苔藓

15 菟丝子

菟丝子，又称黄鳝藤，是茶树上的一种寄生植物。常见的有日本菟丝子（*Cuscuta japonica* Choisy）和中国菟丝子（*Cuscuta chinensis* Lam），以日本菟丝子发生为害较为普遍。

分布为害 菟丝子主要分布在我国广东、广西、海南和云南等南方茶区。以藤茎缠绕主干和枝条，吸取茶树体内水分和营养物质。藤茎生长迅速，不断分枝攀缠树梢，并彼此交织覆盖整个树冠，形似“狮子头”，影响叶片的光合作用，致使叶片黄化、脱落，从而削弱树势，严重时造成枝梢干枯或整株枯死。

形　　态 菟丝子是1年生的双子叶寄生草本植物，无根，叶已退化成鳞片状。茎淡黄色，丝状且光滑，攀缘性强，在茶树上以吸器附着寄主生存。花多簇生成球状，具有极短的柄；蒴果为球形，稍扁；种子形状变化较大，褐色。

发病规律 菟丝子的繁殖方法有种子繁殖和藤茎繁殖两种。种子可通过鸟类传播，或脱落在土壤中经人为耕作进一步扩散。藤茎可借寄主树冠之间的接触蔓延到邻近的寄主上，或人为扯断后抛落在其他寄主的树冠上继续生长。夏、秋两季是菟丝子生长高峰期，11月后进入开花结果期。

菟丝子为害状

防治措施 （1）农业防治：结合茶园的栽培管理，在菟丝子种子萌发前期进行中耕除草，将种子深埋在3厘米以下的土壤中，使其难以萌芽出土。（2）人工防治：在茶园中一旦发现菟丝子幼苗或藤茎，可剪除有菟丝子的藤茎或茶树枝条，并及时清除出茶园。

菟丝子花

日本菟丝子为害状

16 茶藻斑病

茶藻斑病，又称茶白藻病，是一种由藻类引起的叶部病害。病原物 *Cephaleuros viresens* Kunze，属绿藻门、橘色藻科、头孢藻属。

分布为害 全国各产茶区均有发生。多为害老叶，嫩叶上极少发生。藻类寄生会引起茶树生长衰弱，树势逐渐下降。除为害茶树外，还为害柑橘树、油茶树、玉兰树、冬青树等 30 余种植物。

症　　状 茶藻斑病病斑多在叶片正面。初生呈黄褐色针头大小圆形小点或“十”字形斑点，后呈放射状渐向四周扩展，形成圆形或不规则形状的病斑，直径 0.5 ～ 10.0 毫米，灰绿色至黄褐色；病斑凸起，表面有细条状的毛毡状物，边缘不整齐，后期转呈暗褐色，表面平滑。

发病规律 病原藻喜高湿，且寄生性弱，因此多发生在荫蔽潮湿、通风透光及生长势都差的茶树上。

防治措施 （1）加强茶园管理，注意开沟排水，清除细弱枝和枯枝，促使通风透光良好，增施磷肥、钾肥，以增强茶树抗病力，可减轻发病。（2）发病严重茶园，在晚秋或早春停采期可喷洒 0.6% ～ 0.7% 石灰半量式波尔多液，或 0.2% ～ 0.5% 硫酸铜液，或 46% 氢氧化铜水分散粒剂 1500 倍液进行防治。

茶藻斑病症状

17 茶树日灼病

茶树日灼病是一种生理性病害，在夏季高温季节发生较多。

分布为害 我国各产茶区均有发生。多由于强烈阳光直接照射，引起茶树叶片快速变色、坏死和落叶，影响茶树的生长势。

症　　状 茶树日灼病叶片初为水渍状灰绿色，然后迅速变成黄白色、黄褐色，严重时可导致整个叶片变褐枯死而脱落。枝干被日光灼伤，常在向阳面发生紫褐色条斑。

发病规律 一般发生在茶树轻修剪或深修剪后，遇强阳光和高温时，留在茶蓬表面的叶片常会迅速变色而出现日灼病症状。在夏季阳光直射强烈、温度较高时，发病迅速，往往1～2小时即表现症状。

防治措施 （1）避免在高温季节进行茶树修剪作业。（2）强阳光和高温时搭盖树枝或遮阳网以防发生日灼。

茶树日灼病症状

茶树日灼病为害状

第二章　虫　害

18 茶尺蠖

茶尺蠖（*Ectropis obliqua* Prout），又称小茶尺蠖，俗称拱拱虫，属鳞翅目、尺蛾科，是茶树上一种重要的食叶害虫。

分布为害 茶尺蠖主要分布于江苏、浙江、安徽等地。以幼虫取食茶树叶片为害，暴发成灾时，可将嫩叶、老叶甚至嫩茎全部食尽，对茶叶产量影响极大。

识　　别 茶尺蠖成虫体长 9 ～ 12 毫米，翅展 20 ～ 30 毫米。体色有灰白色和黑色两种，灰白色个体体表覆着灰白色鳞片，并散布黑点；黑色个体体表覆着黑色鳞片，翅面黑色无明显斑纹，仅可见翅脉。卵短椭圆形，常数十粒、百余粒重叠成堆，覆有白色絮状物，初产时鲜绿色，后渐变为黄绿色，再转为灰褐色，近孵化时为黑色。幼虫有 4 ～ 5 个龄期，成熟幼虫体长 26 ～ 32 毫米。1 龄幼虫体黑色，后期呈褐色，各腹节上有许多小白点组成的白色环纹和白色纵线；2 龄幼虫体黑褐色至褐色，腹节上的白点消失，后期在第 1、2 腹节背面出现 2 个明显的黑色斑点；3 龄幼虫体茶褐色，第 2 腹节背面出现 1 个"八"字形黑纹，第 8 腹节背面出现 1 个倒"八"字形黑纹；4 ～ 5 龄幼虫体深褐色，自腹部第 2 节起背面出现黑色斑纹及双重棱形纹。蛹长椭圆形，赭褐色。

茶尺蠖成虫

生活习性 茶尺蠖1年发生5～6代，以蛹在茶树根际附近土壤中越冬。成虫有趋光性。卵成堆产于茶树树皮缝隙和枯枝落叶等处。1～2龄幼虫常集中为害，形成发虫中心；3龄幼虫开始分散为害，分布部位也逐渐向下转移；4龄后开始暴食。幼虫老熟后，爬至茶树根际附近表土中化蛹。

防治措施 （1）清园灭蛹：结合伏耕和冬耕施肥，将根际附近落叶和表土中虫蛹深埋入土。（2）灯光诱杀：茶园安装杀虫灯诱杀成虫。（3）药剂防治：可选用0.6%苦参碱水剂800～1000倍液，或2.5%溴氰菊酯乳油3000倍液，或240克/升虫螨腈悬浮剂1500～2000倍液等进行防治，喷药时期掌握在3龄幼虫期前；或选用茶尺蠖核型多角体病毒制剂（1×10^4 PIB · 2000IU/微升茶核·苏云菌悬浮剂500～1000倍液），在1～2龄幼虫期喷施。

茶尺蠖卵

茶尺蠖幼虫

茶尺蠖蛹

茶尺蠖严重为害状

19 灰茶尺蠖

灰茶尺蠖（*Ectropis grisescens* Warren），又称灰茶尺蛾，属鳞翅目、尺蛾科，是茶树上一种重要的食叶害虫。

分布为害 我国主要产茶区均有分布。以幼虫取食茶树叶片为害，暴发成灾时，可将嫩叶、老叶甚至嫩茎全部食尽，对茶叶产量影响极大。

识　　别 灰茶尺蠖成虫体长 9.0 ～ 14.2 毫米，翅展 25.5 ～ 41.3 毫米。体色有灰白色和黑色两种，灰白色个体体表覆着灰白色鳞片，并散布黑点；黑色个体体表覆着黑色鳞片，翅面黑色无明显斑纹，仅可见翅脉。卵椭圆形，初产时青绿色，后变成黄绿色，孵化前为黑色。幼虫多为 4 龄，少数为 5 龄，老熟幼虫体长 21.3 ～ 34.0 毫米。幼虫形态与茶尺蠖相似，但 3 ～ 4 龄幼虫第 2 腹节背面的“八”字形黑斑较茶尺蠖的粗短。蛹长椭圆形，棕褐色。

灰茶尺蠖成虫

灰茶尺蠖成虫交尾

生活习性 灰茶尺蠖1年发生6～7代，以蛹在茶树根际土壤中越冬。成虫多于傍晚至当晚羽化，羽化当晚或次晚交尾，趋光性强。幼虫4～5龄，春秋季多为4龄。初孵幼虫分布在茶丛顶层，形成发虫中心。第1代幼虫发生在4月上中旬，为害春茶。第2～6代幼虫分别发生在5月下旬至6月上旬、6月下旬至7月上旬、7月中旬至8月上旬、8月中旬至9月上旬、9月中旬至10月上旬，大致每月发生1代，为害夏茶和秋茶。10月中下旬陆续开始化蛹越冬。

防治措施 （1）清园灭蛹：结合伏耕和冬耕施肥，翻耕土壤，可让落叶和表土中的虫蛹暴露在土表，使其不能正常越冬而死亡。（2）性信息素诱杀：在成虫期，采用灰茶尺蠖诱芯诱杀雄蛾，以减少下一代幼虫发生量。（3）药剂防治：可选用0.6%苦参碱水剂800～1000倍液，或2.5%溴氰菊酯乳油3000倍液，或240克/升虫螨腈悬浮剂1500～2000倍液等进行防治，施药时期宜掌握在低龄幼虫期；也可选择茶尺蠖核型多角体病毒制剂（1×10^4 PIB · 2000IU/微升茶核 · 苏云菌悬浮剂500倍液），在卵期或1龄幼虫期喷施。

灰茶尺蠖卵

灰茶尺蠖幼虫

灰茶尺蠖蛹

灰茶尺蠖严重为害状

20 大鸢尺蠖

大鸢尺蠖（*Ectropis excellens* Butler），又称大鸢茶枝尺蠖，属鳞翅目、尺蛾科，是茶园较常见的一种食叶害虫。

分布为害 大鸢尺蠖分布在我国山东、福建、江西、湖南和广东等省。以幼虫咀食茶树新梢和成叶为害，还为害台湾相思树等植物。

识　别 成虫体长 14.0 ～ 19.5 毫米，翅展 39.5 ～ 55.0 毫米，体、翅灰褐色，翅面有 4 条灰黑色波状横线，前翅中部近外缘有 1 个灰黑色小斑。各体节背面有 2 个灰黑斑纹。雌蛾触角线形；雄蛾栉形，体色稍浅。卵为椭圆形，长径 0.62 毫米，短径 0.42 毫米，青绿色，一端稍大较平滑，另一端稍细较圆。幼虫共 7 龄。成熟幼虫体长约 33.2 毫米，浅灰色，头顶两侧角凸起明显，额部凹陷具黑色“八”字形纹。后胸及第 1 腹节背面横列黑点 6 个（前 4、后 2）。第 1、3、5 腹节侧面各有黑纵纹 2 条。第 2 腹节背面前方有 2 个黑斑，后方有 2 个较大黑点。腹末有 1 个倒“八”字形黑纹。气门浅红色，周缘黑色。蛹长 13.0 ～ 17.5 毫米，红褐色至黑褐色，腹末臀棘凸出，有 2 个短刺并列。

生活习性 在广东 1 年发生 5 代，以蛹在茶树根际土中越冬。各代盛蛾期分别是 3 月上旬、5 月、6 月下旬、8 月中旬、9 月下旬。各代幼虫盛发期分别是 3 月中下旬、5 月中下旬、7 月中旬、9 月上旬、10 月中旬。成虫夜晚羽化，翌日交尾，卵块产于树枝凹陷处，并覆以灰白色絮状物。初孵幼虫活泼，吐丝随风飘荡分散，咀食叶肉，形成枯斑。2 龄开始自叶缘蚕食，形成缺刻。随着龄期的增长，大量蚕食，仅留主脉。幼虫老熟后，爬至茶丛根际土中做土室化蛹。

防治措施 参照茶尺蠖。

大鸢尺蠖成虫（雌）

大鸢尺蠖成虫（雄）

大鸢尺蠖幼虫

大鸢尺蠖蛹

21 齿线埃尺蛾

齿线埃尺蛾（*Ectropis dentilineata* Moore），属鳞翅目、尺蛾科，是茶园偶发的一种食叶害虫。

分布为害 目前仅在贵州茶园有发现。以幼虫取食茶树叶片为害，暴发时，可将嫩叶、老叶甚至嫩茎全部食尽。

识　别 齿线埃尺蛾成虫体长10.0～15.1毫米，翅展35.5～43.2毫米。体色有灰色和黑色两种。灰色个体翅面灰白色，散生灰褐色斑点；前翅外缘向各脉端部凸出为波浪形，缘线在各脉之间向内弯曲的顶点形成1个黑斑；缘毛灰白色；后翅外线锯齿状，伸达后缘；翅反面浅灰色，无斑点。黑色个体前后翅亚缘线灰白色。幼虫共5龄，成熟幼虫体长26～38毫米；头黄褐色，体灰褐色至暗褐色，亚背线暗黑，在胸部较茶尺蠖和灰茶尺蠖明显；第2腹节背面有“八”字形黑纹，较茶尺蠖和灰茶尺蠖长；第3～5腹节背面有菱形黑斑；第8腹节背面倒“八”字形黑纹明显。蛹长椭圆形，长13～15毫米，棕褐色。

生活习性 齿线埃尺蛾年发生代数不详，以蛹在茶树根际表土中越冬。成虫多于傍晚至当晚羽化，羽化当晚或翌日晚交尾，趋光性强。初孵幼虫分布于茶树篷面，形成明显的发虫中心。10月中下旬陆续开始化蛹越冬。

防治措施 参照茶尺蠖。

齿线埃尺蛾成虫

齿线埃尺蛾幼虫

22 油桐尺蠖

油桐尺蠖（*Buzura suppressaria* Guenee），又称大尺蠖、柴棍虫等，属鳞翅目、尺蛾科，是一种食叶类暴食性害虫。

分布为害 我国各产茶区均有分布。以幼虫取食茶树叶片为害，发生严重时可将叶片全部食尽，使成片茶园成为光杆，严重影响茶叶产量和茶树树势。

识　别 油桐尺蠖成虫形体较大，翅面灰白色，密布灰黑色小点。雌蛾翅展 67 ～ 76 毫米，触角丝状；前翅近三角形，缘毛黄褐色，翅面有 3 条黄褐色波状纹；后翅有 2 条波状纹，腹部肥壮，末端有黄色茸毛。雄蛾触角栉状，翅面有灰黑色波状纹，腹部瘦细，腹部末端无茸毛。卵椭圆形，初产时鲜绿色，近孵化时转为灰褐色；常数百粒至千余粒重叠在一起，上覆黄色茸毛。幼虫共 6 龄，1 龄幼虫体暗灰色，背线和气门线灰白色；2 龄幼虫体绿色，灰白色背线和气门线消失；3 龄幼虫体色多变，常呈绿色、褐色、棕色等，前胸背两侧开始凸起；4 ～ 6 龄幼虫体色同 3 龄，体长增加，体表粗糙。蛹圆锥形，初为黄绿色，后渐变为黄褐色至棕红色。

油桐尺蠖成虫（雌）

油桐尺蠖成虫（雄）

生活习性 油桐尺蠖在茶树根际附近土壤中以蛹越冬，1年发生2～4代。成虫羽化后喜停息在茶园附近的树干及建筑物墙面上，静止时翅平展，趋光性强。卵多产于茶园附近树木裂皮缝隙处。初孵幼虫活泼，具有吐丝习性，随风飘荡，散落在茶树上。1～2龄幼虫喜食嫩叶，自叶缘或叶尖取食表皮及叶肉，使叶片呈不规则的黄褐色网膜斑；3龄幼虫将叶片食成缺刻；4龄后食量猛增，蚕食茶树全叶。幼虫老熟后，爬至茶树根际附近土中化蛹。

防治措施 (1) 人工挖蛹：在油桐尺蠖大发生时，可进行人工挖蛹或翻耕茶园。(2) 灯光诱杀：在发蛾期，安装杀虫灯诱杀成虫。(3) 药剂防治：防治适期掌握在1～2龄幼虫期，可选用0.6%苦参碱水剂800～1000倍液，或2.5%溴氰菊酯乳油3000倍液，或240克/升虫螨腈悬浮剂1500～2000倍液等进行防治。

油桐尺蠖蛹

油桐尺蠖幼虫（不同体色）

23 小用克尺蠖

小用克尺蠖［*Jankowskia fuscaria*（Leech）］，又称小用克尺蛾，属鳞翅目、尺蛾科，是茶园较常见的一种尺蠖类害虫。

分布为害 小用克尺蠖主要分布在江苏、浙江、广东等南方产茶省。以幼虫取食茶树成叶为害，影响茶树生长和茶叶产量。

识　别 小用克尺蠖雌蛾翅展49～59毫米，触角丝状；雄蛾翅展39～48毫米，触角栉状。体、翅灰褐色至赭褐色，前翅有5条暗褐色的横线，后翅有3条横线，前、后翅近外缘中央各有一咖啡色斑块，前翅翅室上方有一深色斑。卵椭圆形，初产时草绿色，后变成淡黄色，近孵化时灰黑色。幼虫有5～6龄，1龄幼虫体黑色，腹部1～5节和9节有环列白线；2～4龄幼虫体咖啡色，腹节上的白线同1龄；5～6龄幼虫体咖啡色或茶褐色，额区出现倒V形纹，腹节上白线消失，第8腹节背面凸起明显。蛹赭褐色，表面密布细小刻点，腹部末节除腹面外呈环状凸起，臀棘基部较宽大，端部二分叉。

小用克尺蠖成虫（雌）

小用克尺蠖成虫（雄）

生活习性 小用克尺蠖以低龄幼虫在茶树上越冬，1年发生4代。成虫一般在傍晚后羽化，翌日开始产卵。卵块多产于茶树枝干缝隙处及茶园附近林木的裂皮缝隙处，卵粒间以胶质物粘连，不易分开，卵块表面无覆盖附属物。初孵幼虫活泼，有趋嫩性，常集中在嫩芽叶上，取食嫩叶叶缘呈圆形枯斑；2龄幼虫食成孔洞；3龄后逐渐分散，蚕食全叶。幼虫老熟后，爬至茶树根际附近入土化蛹。在我国长江中下游茶区常与茶尺蠖混合发生。

防治措施 (1) 灯光诱杀：利用成虫的趋光性，在小用克尺蠖的成虫期安装杀虫灯诱杀，以减少其发生量。(2) 药剂防治：可参照茶尺蠖，防治适期应掌握在3龄幼虫前。在浙江茶区，小用克尺蠖第1、2、3代幼虫发生期与茶尺蠖第2、4、5代幼虫发生期吻合，也可结合茶尺蠖的防治进行兼治。

小用克尺蠖蛹

小用克尺蠖幼虫（初期）

小用克尺蠖幼虫（中期）

小用克尺蠖幼虫（中后期）

小用克尺蠖幼虫（末期）

24 木橑尺蠖

木橑尺蠖（*Culcula panterinaria* Bremer et Grey），属鳞翅目、尺蛾科，是一种杂食性害虫，寄主植物多达60种。

分布为害 木橑尺蠖分布在我国大多数产茶区，江苏、浙江、安徽茶区曾严重发生。以幼虫取食茶树成叶为害，大发生时可将叶片全部食尽，严重影响茶叶产量和茶树树势。

识　别 木橑尺蠖成虫属大型蛾。雌蛾体形肥大，翅展70～80毫米，触角丝状，腹末有棕黄色毛丛；雄蛾体形较雌蛾瘦小，翅展58～68毫米，触角栉状，腹末无毛丛。前后翅白色，翅面有不规则、大小不一的淡灰色至灰色斑，前翅基部有1个较大的圆形橙色眼状斑，前后翅中央各有1个圆形或椭圆形灰色斑，亚外缘线内侧有1串橙色、灰色斑相连成间断的波状带纹。卵椭圆形，初产时翠绿色，近孵化时青灰色。幼虫共5～6龄，1龄幼虫灰黑色，背线和气门线青灰色；2龄幼虫黄绿色，青灰色的背线和气门线消失；3龄后体色多变，体表粗糙，幼虫头顶下陷，两侧呈角状凸起，橙红色，前胸背面有2个角状凸起，腹部第8节背面凸起。蛹黑褐色，蛹体满布不规则刻点，臀棘基部扁球形，端部分叉。

木橑尺蠖成虫

生活习性 木橑尺蠖以蛹在茶园土壤中越冬，1年发生2～3代。成虫静止时翅平展，喜停息在茶园附近林木主干及建筑物墙面上。卵块大多产于茶园附近林木主干缝隙处，上覆棕黄色茸毛。初孵幼虫活泼，爬行敏捷，吐丝习性强，无明显的发虫中心。1～2龄幼虫取食嫩叶，自叶缘食其叶肉，残留表皮，使叶片呈不规则的黄褐色枯斑；3龄幼虫蚕食叶片，留下叶脉，造成缺刻；4龄幼虫开始蚕食全叶。幼虫老熟后，在茶树根部入土化蛹。

防治措施 （1）清园灭蛹：结合茶园秋冬季管理，清理树冠下的落叶及表土，可使虫蛹暴露或深埋入土。（2）灯光诱杀：利用成虫的趋光性，安装杀虫灯诱杀成虫。（3）药剂防治：防治适期掌握在3龄幼虫前期，药剂参照茶尺蠖。

木橑尺蠖幼虫（不同体色）

木橑尺蠖蛹

25 大造桥虫

大造桥虫［*Ascotis selenaria*（Denis et Schiffermüller）］，又称瘤尺蠖、茶艾枝尺蠖、水杉尺蠖，属鳞翅目、尺蛾科，是一种茶园常见的局部间隙性暴发为害的食叶害虫。

分布为害 大造桥虫在全国主要产茶区均有分布。以幼虫取食茶树叶片为害，暴发成灾时，可将嫩叶、老叶甚至嫩茎全部食尽，对茶叶产量影响较大。

识　别 大造桥虫成虫体长 15 ～ 20 毫米，翅展 38 ～ 45 毫米。体浅灰褐色，触角灰白色间有浅黑色，雌蛾丝状，雄蛾短栉齿状。胸部背面两侧被灰白色长毛，有的中后胸背面有一黑色横带，腹部各节背面有 1 对黑褐色小斑；前、后翅灰白色，内线灰黑色，外线双行波浪状，内侧灰黑色，外侧浅褐色，亚端线浅褐色，外缘有 1 列近长形黑色小斑；前、后翅近中室处各有 1 个星形斑，斑纹中间灰白色，外侧黑褐色；前翅反面近顶角处有 1 块弧形黑褐色斑，翅反面星形斑呈黑色。卵椭圆形，长约 0.7 毫米，卵壳表面有许多纵向排列的凸粒，初产时青绿色，孵化前淡黄色。幼虫体色多变，低龄幼虫灰褐色，后逐渐变为青绿色。老熟幼虫体长 42 ～ 56 毫米，体灰黄色或黄绿色，头黄褐色至褐绿色，头顶两侧有暗色点状纹。背线、基线及腹线淡褐色或紫褐色，体节间线黄色。第 2 腹节背中央有 1 对橘黄色毛瘤，毛瘤前有一“八”字形黑斑。蛹长 16 ～ 19 毫米，深褐色有光泽，尾端尖，臀棘 2 根。

生活习性 大造桥虫食性杂，可取食多种植物。在长江流域 1 年发生 4 ～ 5 代，以蛹在土中越冬。第 2 ～ 4 代卵期 5 ～ 8 天，幼虫期 18 ～ 20 天，蛹期 8 ～ 10 天，成虫寿命 6 ～ 8 天，完成 1 代需 32 ～ 42 天。成虫羽化后 1 ～ 3 天交配，交配后第 2 天产卵，多产在地面、土缝及草秆上，大发生时枝干、叶上都可产卵，数十粒至百余粒成堆。初孵幼虫可吐丝随风飘移转移为害。成虫昼伏夜出，趋光性强。

防治措施 参照油桐尺蠖。

大造桥虫成虫（背面）

大造桥虫成虫（腹面）

大造桥虫幼虫（低龄）

大造桥虫蛹

大造桥虫幼虫（高龄）

26 灰尺蠖

灰尺蠖（*Hypomecis punctinalis* Scopoli），又称尘尺蛾，属鳞翅目、尺蛾科，是茶园较常见的一种尺蠖类害虫。

分布为害 灰尺蠖主要分布在浙江、湖北、湖南等省。以幼虫取食茶树叶片为害，也可为害油茶树。

识　　别 灰尺蠖成虫体灰黑色，体长13～20毫米，翅展47～55毫米，翅正面有3～4条略成平行的黑褐色波纹，反面为灰褐色。前后翅上各有眼状斑纹1对。雄蛾体色较深，腹末有1束茸毛。卵椭圆形，表面有方形格纹，初产时淡绿色，孵化时呈深褐色。幼虫有6龄，成熟幼虫体长可达41～58毫米，体紫褐色或褐色，第5腹节背面有1对褐色凸起，第8、9腹节背面花纹明显。蛹圆锥形，长14～19毫米，呈深棕色，腹末具臀棘1根，端部分叉。

灰尺蠖成虫（雌）

灰尺蠖成虫（雄）

生活习性 灰尺蠖在长沙地区 1 年发生 4 代，以蛹在土中越冬。越冬蛹于翌年 2 月下旬至 3 月上旬开始羽化。第 1 ～ 4 代幼虫期分别为 4 月上中旬至 5 月中旬、6 月上中旬至 6 月下旬、7 月中旬至 9 月上旬、8 月下旬至 10 月中下旬。每年 7—8 月的第 3 ～ 4 代发生较多。幼虫 4 龄前食量少，喜取食嫩叶或成叶的下表皮和叶肉，形成小斑痕或小孔洞；4 龄后食量逐渐增大。

防治措施 参照茶尺蠖。

灰尺蠖幼虫

灰尺蠖蛹

27 钩翅尺蛾

钩翅尺蛾（*Hyposidra aquilaria* Walker），属鳞翅目、尺蛾科，是茶园的一种尺蠖类害虫。

分布为害 钩翅尺蛾主要分布在福建、湖南、广西、贵州等省份。以幼虫取食茶树叶片为害，影响茶树生长。

识　别 钩翅尺蛾雌成虫体长16.0～20.0毫米，翅展47.2～57.3毫米，前翅顶角凸出成钩状，前后翅外线、中线明显，体灰褐色，触角丝状。雄蛾体长略短，触角双栉齿状，前翅顶角凸出成钩状。卵椭圆形，短径0.40～0.45毫米，长径0.65～0.74毫米，外表较光滑，初产时为绿色，后变为黑色。初孵幼虫体黑色，随着虫龄的增长，幼虫体表形成一道道由白点组成的环圈，老熟幼虫体长可达50毫米。蛹棕褐色，长12.9～18.6毫米，雄蛹略短，头顶圆滑，复眼黑褐色，具臀棘3根。

生活习性 钩翅尺蛾在现有栽培管理茶园中发生较少，生活习性尚未有详细记载。

防治措施 目前对茶叶生产未构成影响，无须专门防治。

钩翅尺蛾成虫

钩翅尺蛾幼虫（初期）

钩翅尺蛾幼虫（末期）

钩翅尺蛾蛹

28 茶银尺蠖

茶银尺蠖[*Scopula subpunctaria*(Herrich-Schaeffer)]，又称白尺蠖、青尺蠖，属鳞翅目、尺蛾科，是茶园常见的一种尺蠖类害虫。

分布为害 茶银尺蠖分布较广，但仅在局部地区为害严重。以幼虫取食茶树叶片为害，严重时将叶片全部食光，仅留主脉。

识　别 茶银尺蠖成虫体长12～14毫米，翅展29～36毫米。体、翅白色，前翅有4条淡棕色波状横纹，近翅中央有1个棕褐色点，翅尖有2个小黑点；后翅有3条波状横纹，翅中央也有1个棕褐色点。雌虫触角丝状，雄虫双栉齿状。卵黄绿色，椭圆形。初孵幼虫淡黄绿色；2～3龄幼虫深绿色；4龄幼虫青色，气门线银白色，体背有黄绿色和深绿色纵向条纹各10条，体节间出现黄白色环纹；5龄幼虫与4龄幼虫相似，但腹足和尾足淡紫色。蛹长椭圆形，呈绿色，翅芽渐白，羽化前翅芽长出棕褐色点线，腹末有4根钩刺。

茶银尺蠖成虫

茶银尺蠖卵（箭头所指处）

生活习性 茶银尺蠖以幼虫在茶树中下部成叶上越冬，一般1年发生6代。成虫趋光性强，卵散产，多产于茶树枝梢叶腋和腋芽处，每处产1粒至数粒。初孵幼虫就近食叶；1～2龄在嫩叶叶背咀食叶肉，留下上表皮，后逐渐食成小洞；3龄后蚕食叶缘成缺刻；4龄后食量增加；5龄咀食全叶，仅留主脉与叶柄。幼虫老熟后，在茶丛中部叶片或枝叶间吐丝黏结叶片化蛹。各代幼虫发生期不整齐，世代重叠。

防治措施 （1）灯光诱杀：在成虫期可在茶园安装杀虫灯诱杀成虫，以减少下一代幼虫发生量。（2）药剂防治：应掌握在低龄期喷施，可选用8000IU/毫克苏云金杆菌可湿性粉剂1000倍液，或0.6%苦参碱水剂1000倍液，或10%联苯菊酯水乳剂3000倍液等。

茶银尺蠖幼虫（低龄）

茶银尺蠖幼虫（高龄，雌虫）

茶银尺蠖幼虫（高龄，雄虫）

茶银尺蠖蛹

29 蕾宙尺蛾

蕾宙尺蛾［*Coremecis leukohyperythra*（Wehrli）］，又称蕾佧尺蛾，属鳞翅目、尺蛾科，是一种茶园偶发的尺蠖类害虫。

分布为害 蕾宙尺蛾分布于我国浙江、湖南、福建、广东、江西等省。以幼虫取食茶树叶片为害。

识　　别 蕾宙尺蛾成虫翅展38～46毫米，翅面浅褐色，外线外侧颜色略深。前翅内线为黑色双线，向内倾斜，仅下半段清楚；外线黑色，弱锯齿状，在M脉间向外凸出；亚缘线灰白色，锯齿状；亚缘线与外线之间具1块黑褐色斑。后翅基部黑色；中线黑色，平直；外线黑色，弱锯齿状；亚缘线白色，后半部分较清楚且内侧具深色带。雌虫与雄虫的区别是雌虫前翅内线近弧形，前翅外线内侧和后翅中线内侧颜色浅，前翅顶角和近外缘中部具灰白色斑。老熟幼虫体长23～25毫米，体土黄色；胸节背面中央各有2条小纵纹，腹部各节背面有大的菱形斑块，

蕾宙尺蛾雌成虫（背面）

蕾宙尺蛾雌成虫（腹面）

以第 1 ～ 3 节上的斑块较明显，后渐模糊；腹部各节背面有 2 对黑点，其中后面 1 对较大且明显，两点间相距稍远；尾端较平，生灰白色短毛。蛹长 10 ～ 14 毫米，呈赭褐色。

生活习性 蕾宙尺蛾在浙江杭州 1 年发生 4 ～ 5 代，越冬虫态不详。第 1 代幼虫每年 4 月中下旬发生，5 月中下旬化蛹，5 月下旬至 6 月上旬成虫羽化；第 2、3 代幼虫分别发生在 6 月中旬和 7 月下旬。低龄幼虫喜食嫩叶，成长后取食成叶和老叶，一般分布在茶丛上层。幼虫老熟后在茶丛根际附近浅土中做一土室，化蛹于其中。

防治措施 参照茶尺蠖。

蕾宙尺蛾幼虫（低龄）

蕾宙尺蛾幼虫（高龄）

30 茶毛虫

茶毛虫（*Euproctis pseudoconspersa* Strand），又称茶黄毒蛾，属鳞翅目、毒蛾科，是茶树上一种重要的食叶害虫。

分布为害 我国各产茶区均有分布。以幼虫咬食茶树叶片为害，发生严重时可将成片茶园食尽，影响茶树树势和茶叶产量。同时，幼虫虫体上的毒毛及蜕皮壳能引起人体皮肤红肿、奇痒，影响茶叶采摘、茶园管理及茶叶加工。

识　　别 茶毛虫成虫翅展 20 ～ 35 毫米，雌蛾翅琥珀色，雄蛾翅深茶褐色，雌、雄蛾前翅中央均有 2 条浅色条纹，翅尖黄色区内有 2 个黑点。卵扁球形，淡黄色；卵块椭圆形，上覆黄褐色厚绒毛。幼虫 6 ～ 7 龄，1 龄幼虫淡黄色，着黄白色长毛；2 龄幼虫淡黄色，前胸气门上线的毛瘤呈浅褐色；3 龄幼虫体色与 2 龄相同，胸部两侧出现 1 条褐色线纹，第 1、2 腹节亚背线上毛瘤变黑绒球状；4 ～ 7 龄幼虫黄褐色至土黄色，随着龄期增加腹节亚背线上毛瘤增加、色泽加深。蛹圆锥形，浅咖啡色，疏被茶褐色毛；蛹外有黄棕色丝质薄茧。

生活习性 茶毛虫一般以卵块越冬，少数以蛹及幼虫越冬，1 年发生 2 ～ 3 代。卵块产于茶树中、下部叶背，上覆黄色绒毛。幼虫群集性强，在茶树上具有明显的侧向分布习性。1 ～ 2 龄幼虫常百余头群集在茶树中下部叶背，取食下表皮和叶肉，留下表皮呈现半透明膜斑；蜕皮前群迁到茶树下部未为害叶背，聚集在一起头向内围成圆形或椭圆形虫群，不食不动，蜕皮后继续为害。3 龄幼虫常从叶缘开始取食，造成缺刻，并开始分群向茶行两侧迁移。6 龄起进入暴食期，可将茶丛叶片食尽。幼虫老熟后，爬到茶丛基部枝椏间、落叶下或土隙间结茧化蛹。

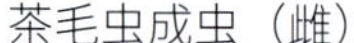

茶毛虫成虫（雌）

茶毛虫成虫（雄）

防治措施 (1) 人工摘除卵块和虫群。(2) 灯光诱杀：在成虫羽化期安装杀虫灯诱杀成虫，减轻茶园虫口数量。(3) 药剂防治：掌握在低龄幼虫期前喷药，药剂可选用 1×10^4 PIB · 2000IU/ 微升茶毛核 · 苏悬浮剂 750 ～ 1000 倍液，或 0.6% 苦参碱水剂 1000 倍液，或 2.5% 溴氰菊酯乳油 2000 ～ 3000 倍液等。

茶毛虫卵块

茶毛虫幼虫（2 龄）

茶毛虫幼虫（4 龄）

茶毛虫幼虫（高龄）

茶毛虫蛹（中）和茧（左、右）

茶毛虫低龄幼虫为害状

31 茶黑毒蛾

茶黑毒蛾（*Dasychira baibarana* Matsumura），又称茶茸毒蛾，属鳞翅目、毒蛾科，是茶树上一种重要的食叶害虫。

分布为害 我国主要产茶区均有分布。以幼虫取食茶树成叶、嫩叶为害，发生严重时可将成片茶园食尽，影响茶树树势和茶叶产量。

识　别 茶黑毒蛾成虫体、翅暗褐色至栗黑色；前翅基部颜色较深，有数条黑色波状横线纹，翅中部近前缘处有1个较大近圆形的灰黄色斑，下方臀角内侧还有1个黑褐色斑块；后翅灰褐色，无线纹。卵扁球形，顶部凹陷，初产时灰白色，后转为黑色。幼虫共5～6龄，体长可达24～32毫米。1龄幼虫体淡黄色至暗褐色，第1胸背有1个肉瘤；2龄幼虫体暗褐色，第1～2胸节有2列黑色毛丛，第8腹背可见1簇毛丛；3龄幼虫腹部第1～5节均有毛丛，第8腹背毛

茶黑毒蛾成虫

茶黑毒蛾卵和初孵幼虫

丛明显伸长；4 龄幼虫腹部第 1 ～ 3 节上毛丛呈棕色刷状，第 4、5 节毛簇黄白色，第 8 腹节毛簇黑褐色；5 ～ 6 龄幼虫体黑褐色，体背及体侧有红色纵线，各体节瘤突上长有白色、黑色簇生毒毛。蛹黄褐色、有光泽，体表多黄色短毛，腹末臀棘较尖。茧椭圆形，丝质松软，棕黄色至棕褐色。

生活习性 茶黑毒蛾一般以卵在叶背越冬，1 年发生 4 ～ 5 代。1 ～ 2 龄幼虫在成叶背面取食下表皮和叶肉，为害叶上有黄褐色网膜枯斑；3 龄前幼虫群集性强，常集中在一起；3 龄后幼虫开始逐渐分散，取食叶片后留下叶脉，直至食尽全叶；4 ～ 5 龄幼虫有假死性，受惊后即蜷缩坠落。幼虫老熟后，在茶丛基部等处结茧化蛹。

防治措施 （1）人工清园灭卵：结合茶园培育管理，清除杂草，可带走越冬卵。（2）灯光诱杀：利用成虫趋光性安装杀虫灯诱杀，减少次代虫口的发生数量。（3）药剂防治：掌握在 3 龄前幼虫期喷施，药剂可选用 10% 联苯菊酯水乳剂 3000 倍液，或 0.6% 苦参碱水剂 1000 倍液等。

茶黑毒蛾幼虫

茶黑毒蛾茧

32 茶白毒蛾

茶白毒蛾（*Arctonis alba* Bremer），属鳞翅目、毒蛾科，是茶园较常见的一种毒蛾类害虫。

分布为害 我国主要产茶区均有分布。以幼虫取食茶树叶片为害，影响茶树生长。

识　别 茶白毒蛾成虫体长12～15毫米，翅展34～44毫米。体、翅均白色，前翅稍带绿色，具丝缎光泽；触角羽状；腹末有白色毛丛；雄蛾前翅中室端部有1个黑色斑点。卵淡绿色，扁鼓形，直径1毫米左右。幼虫共5龄，体长可达25～28毫米，体色多变；头赤褐色或红色，体茶褐色或红褐色；体节有8个疣状凸起，丛生白色长毛和黑色、白色短毛，腹面带紫色。蛹绿色，圆锥形，体表散生凹点，密布白色短毛，体背有2条淡白色纵线。

生活习性 茶白毒蛾以老熟幼虫在茶丛中下部叶背越冬，1年发生6代。成虫静止时翅面平展，栖伏于茶丛内叶面，受惊后即飞翔，但飞翔力较弱。卵多产于叶片背面，一般每处5～15粒，也有散产。初孵幼虫群集叶背取食叶肉，残留上表皮，呈枯黄色半透明不规则的斑块；2龄后分散活动，自叶缘蚕食成缺刻；3龄后可取食全叶仅留主脉。幼虫爬行迟缓，受惊后即弹跳逃逸。幼虫老熟后，在叶片上缀丝，倒悬化蛹。

防治措施 （1）人工捕杀：摘除虫卵叶和虫蛹。（2）灯光诱杀：利用成虫趋光性，安装杀虫灯诱杀成虫。（3）药剂防治：可结合茶园其他害虫防治时兼治，一般无须专门防治。

茶白毒蛾成虫

茶白毒蛾卵

茶白毒蛾幼虫

茶白毒蛾蛹

33 污黄毒蛾

污黄毒蛾（*Euproctis hunanensis* Collenette），属鳞翅目、毒蛾科、黄毒蛾属，是茶园偶发的一种毒蛾类害虫。

分布为害 污黄毒蛾主要分布在浙江、福建、湖北、湖南、广西、四川、贵州、云南等省份。以幼虫取食茶树叶片为害。

识　　别 污黄毒蛾翅展约30毫米。体、翅黄色，翅面散生褐点或褐带纹，前翅中部污黄色稍暗，无横带，顶角无黑点，后翅黄色。卵块椭圆形，上覆黄褐色厚绒毛。幼虫6～7龄。体黑色，体背上有众多毛瘤，上生毒毛。茧黄棕色，丝质。

生活习性 污黄毒蛾在浙江1年发生2代。生活习性尚未有详细记载。

防治措施 偶见为害，一般无须防治。

污黄毒蛾成虫

污黄毒蛾幼虫

污黄毒蛾卵块

污黄毒蛾茧

34 茶刺蛾

茶刺蛾［*Griseothosea fasciata*（Moore）］，又称茶纷刺蛾，曾名茶奕刺蛾、茶角刺蛾，属鳞翅目、刺蛾科，是茶树上一种重要的食叶害虫。

分布为害 我国主要产茶区均有分布。以幼虫取食茶树成叶为害，影响茶树生长和茶叶产量。幼虫刺毛能分泌毒汁，人体皮肤触及后会引起红肿疼痛，影响茶叶采摘及茶园管理。

识　　别 茶刺蛾成虫体长 12 ～ 16 毫米，翅展 24 ～ 30 毫米。体和前翅浅灰红褐色，翅面具雾状黑点，有 3 条暗黑褐色斜线；后翅灰褐色，近三角形。卵扁椭圆形，黄白色半透明。幼虫 6 ～ 7 龄，最长时体长 13 ～ 18 毫米。幼虫长椭圆形，背部隆起，黄绿色至绿色；背线蓝绿色，部分个体中部有 1 个红褐色或淡紫色菱形斑，气门线上有 1 列红点；各体节有 2 对刺突，分别着生于亚背线上方和气门线上方；体背第 2 对与第 3 对刺突之间有 1 个绿色或红紫色肉质角状凸起，明显斜向前方。蛹椭圆形，淡黄色。茧卵圆形，褐色。

生活习性 茶刺蛾以老熟幼虫在茶树根际落叶和表土中结茧越冬，1 年发生 3 ～ 4 代。成虫趋光性较强。卵散产于茶丛中下部叶片背面叶缘处。1 ～ 3 龄幼虫活动性弱，一般停留在卵壳附近取食茶树叶片下表皮和叶肉；4 龄后取食叶片成缺口，并逐渐向茶丛中上部转移；5 龄起可食尽全叶，但一般取食叶片的 2/3 后，即转向取食其他叶片。幼虫老熟时，移到茶丛枯枝落叶或浅土间结茧化蛹。

茶刺蛾成虫

茶刺蛾成虫交尾

防治措施 （1）人工清园灭茧：在茶树越冬期，结合施肥和翻耕，清除或深埋蛹茧，减少翌年害虫的发生量。（2）灯光诱杀：利用茶刺蛾成虫的趋光性，安装杀虫灯诱杀成虫。（3）药剂防治：掌握在1～3龄幼虫发生期喷施，药剂可选用8000IU/毫克苏云金杆菌可湿性粉剂800～1000倍液，或2.5%高效氯氟氰菊酯乳油2000～3000倍液，或0.6%苦参碱水剂800～1000倍液，或2×10^7PIB/毫升茶刺蛾核型多角体病毒水剂750～1000倍液等。

茶刺蛾茧

茶刺蛾幼虫（3龄）

茶刺蛾幼虫（4龄）

茶刺蛾幼虫（6龄）

茶刺蛾初期为害状（叶片上有斑膜）

茶刺蛾中后期为害状（叶片如被刀切）

35 扁刺蛾

扁刺蛾［*Thosea sinensis*（Walker）］，又称中国扁刺蛾，俗名洋辣子，属鳞翅目、刺蛾科，是茶园常见的一种刺蛾类害虫。

分布为害 我国各产茶区均有分布。以幼虫取食茶树叶片为害，造成茶叶减产。幼虫刺毛能分泌毒汁，人体皮肤触及后引起红肿，影响茶叶采摘及茶园管理。

识　别 扁刺蛾成虫体暗灰褐色，前翅灰褐色、稍带紫色，中室的前方有1个明显的暗褐色斜纹，自前缘近顶角处向后缘斜伸。雄蛾前翅中央还有1个黑点。卵长椭圆形，扁平光滑，初为淡黄绿色，孵化前呈灰褐色。幼虫长椭圆形，较扁平，背面略隆起，鲜绿色，成长后体长21～26毫米。1龄幼虫体淡红色，扁平；2龄幼虫体绿色，较细，背线灰白色；3龄幼虫有较明显的灰白色背线；4龄幼虫背线白色，较宽；5龄幼虫在背线中部两侧出现1对红点；6龄幼虫体两侧出现1列细小红点。蛹长椭圆形。茧卵圆形，淡黑褐色，较坚硬，形似茶籽。

生活习性 扁刺蛾以老熟幼虫在茶树周围土中结茧越冬，1年发生2～3代。越冬幼虫4月中下旬化蛹，成虫5月中旬至6月初羽化。成虫羽化后即行交尾产卵，卵多散产于叶面。幼虫7～8龄，初孵幼虫停息在卵壳附近，并不取食，脱第一次皮后啃食叶肉；自6龄起，可取食全叶。幼虫老熟后，即下树入土结茧。

扁刺蛾成虫（雌）

扁刺蛾成虫（雄）

防治措施 （1）人工除茧：结合冬春茶园耕作，可清除部分越冬虫茧。（2）灯光诱杀：利用成虫趋光性，安装杀虫灯诱杀成虫。（3）药剂防治：可结合茶园其他害虫的防治兼治，一般无须专门防治。

扁刺蛾幼虫（高龄）

扁刺蛾幼虫（末龄）

扁刺蛾茧

36 丽绿刺蛾

丽绿刺蛾［*Parasa lepida*（Cramer）］，属鳞翅目、刺蛾科，是常见的一种杂食性食叶类害虫。

分布为害 我国各产茶区均有分布。以幼虫取食茶树叶片为害，影响茶树生长。幼虫虫体上长有毒毛，人体皮肤触及后会引起红肿，影响茶叶采摘及茶园管理。

识　别 丽绿刺蛾成虫体长 10 ～ 17 毫米，翅展 35 ～ 40 毫米。头顶、胸背绿色，胸背中央有 1 条褐色纵纹向后延伸至腹背，腹部背面黄褐色。雌蛾触角基部丝状，雄蛾双栉齿状，雌雄蛾触角端部均为单栉齿状。前翅绿色，肩角处有 1 块深褐色尖刀形基斑，外缘具深棕色宽带；后翅浅黄色，外缘带褐色。卵椭圆形，浅黄绿色，扁平光滑。幼虫体长可达 25 毫米，粉绿色，背面稍白，背中央有紫色或暗绿色带 3 条。幼虫体背、侧面有 4 列刺突；2 ～ 7 龄幼虫体背第 2、3、9、10 对刺突最大；8 ～ 9 龄幼虫体背的刺突差异显著减小，第 3 对刺突上出现 3 ～ 6 根红色刺毛，腹部末端出现 4 个瘤突，上密生黑色小刺，呈绒球状。茧棕色，椭圆或纺锤形，较扁平，质地较硬。

丽绿刺蛾成虫

丽绿刺蛾幼虫（低龄）

丽绿刺蛾幼虫（末龄）

丽绿刺蛾茧（箭头所指处，自然状态下结在茎干上）

生活习性 丽绿刺蛾以老熟幼虫在枝干上结茧越冬，1年发生2代。成虫有趋光性，卵产于叶背上，数十粒排列成鱼鳞状，上覆一层浅黄色胶状物。幼虫共8～9龄，低龄幼虫群集性强，3～4龄开始分散，老熟幼虫在茶树中下部枝干上结茧化蛹。幼虫取食表皮或叶肉，常致叶片上有半透明枯黄色斑块；高龄幼虫取食叶片呈较平直缺刻。

防治措施 可结合茶园其他害虫的防治进行兼治，一般无须专门防治。

丽绿刺蛾茧（人工饲养时被迫结在叶片上）

丽绿刺蛾蛹壳

丽绿刺蛾前期为害状

丽绿刺蛾前期为害状（放大）

37 灰白小刺蛾

灰白小刺蛾（*Narosa nigrisigna* Wileman），又称红点龟形小刺蛾，属鳞翅目、刺蛾科，是茶园较常见的一种刺蛾类害虫。

分布为害 灰白小刺蛾主要分布在浙江、福建、广东、海南等产茶省。以幼虫蚕食茶树叶片为害，取食后叶片上有斑驳透明枯斑或孔洞。

识　别 灰白小刺蛾成虫体白色，前翅中部有1块淡褐色云形斑纹，中室外方有1块深褐色斑纹，外缘灰褐色并行1列小黑点。卵扁平，椭圆形，光滑透明淡黄色，覆有胶膜。幼虫近龟形，黄绿色至鲜绿色，体长8～9毫米，亚背线黄色，各节背线与侧线处均有1个暗色点，前胸红褐色，腹背中部两侧常有2～4对红点。茧豆圆形，白色或灰白色，较坚硬，长5～6毫米，有白色或褐色条纹，中部暗褐色，一端有深褐色圈。

生活习性 灰白小刺蛾以老熟幼虫在枝叶上结茧越冬，1年发生3代。幼虫化蛹后，一般在5月下旬至6月上旬成虫羽化。成虫昼伏夜出，有趋光性，羽化后1～2天开始产卵，卵散产于叶背。低龄幼虫栖于叶背取食叶肉，3龄后将叶尖、叶缘取食成缺刻。幼虫老熟后，多在叶背结茧化蛹。

防治措施 可结合茶园其他害虫的防治进行兼治，一般无须专门防治。

灰白小刺蛾成虫（背面）

灰白小刺蛾成虫（侧面）

灰白小刺蛾幼虫

灰白小刺蛾茧

38 青刺蛾

青刺蛾（*Parasa consocia* Walker），又称窄缘绿刺蛾、褐边绿刺蛾，属鳞翅目、刺蛾科，是茶园较常见的一种刺蛾类害虫。

分布为害 我国各产茶区均有分布。以幼虫咬食茶树叶片为害，还可为害油桐树、核桃树、苹果树等多种植物。

识　别 青刺蛾成虫体长 10 ～ 19 毫米，翅展 28 ～ 42 毫米。头顶和胸背绿色，胸背中央有 1 块棕色长梭形纵斑。前翅绿色，翅基部有 1 块棕色斑，外缘处有 1 条黄色阔带，阔带内侧的波状纹及阔带中的翅脉棕色；后翅黄色，缘毛棕色。腹部黄色。雌虫触角丝状，雄虫触角双栉齿状。卵椭圆形，扁平光滑，淡黄绿色。成熟幼虫体长约 25 毫米，黄绿色，头部有 1 对黑斑，体背有 1 条淡蓝色纵线，体背两侧各节有 2 对暗绿色斑点，体侧有 2 条暗绿色纵线。体背、侧面有 4 列刺突，上着生橙色刺毛，在体背第 3 对刺突上，杂有若干根较粗的刺毛，其顶端为黑色。腹部末端有 4 个瘤突，上密生蓝黑色绒球状小刺。蛹椭圆形，黄褐色。茧椭圆形，棕色，较坚硬，长约 13 毫米。

生活习性 山东 1 年发生 1 代，江苏、浙江、安徽、江西 1 年发生 2 代。以老熟幼虫结茧越冬。翌年 4 月下旬开始化蛹，5 月下旬至 6 月中旬成虫陆续羽化产卵。1 年发生 2 代的地区，各代幼虫为害期分别为 6 月上旬至 7 月下旬、8 月下旬至 10 月上旬。成虫有趋光性。雌蛾产卵于叶背，一般散产，也有数粒产在一起呈鱼鳞状排列。幼龄幼虫取食下表皮和叶肉，成长后取食叶片呈平滑缺刻。幼虫老熟时，爬至主干下部或浅土中化蛹。

防治措施 参照茶刺蛾。

青刺蛾成虫

39 黄刺蛾

黄刺蛾（*Monema flavescens* Walker），属鳞翅目、刺蛾科，是茶园较常见的一种刺蛾类害虫。

分布为害 我国各产茶区均有分布。为害茶树、柑橘树、梨树、苹果树等多种植物，以幼虫咬食叶片为害。

识　别 黄刺蛾成虫体长10～17毫米，翅展20～37毫米，体黄色。前翅基部和前缘黄色，自翅尖有2条褐色横纹伸向后缘，在黄色部分和褐色部分各有1块褐色斑点；后翅淡黄色。卵椭圆形，扁平，淡黄色，长1.4～1.5毫米。幼虫虫体近长方形，前后粗，中间略细，成熟后体长19～25毫米。体淡绿色，背面有1块紫红色大斑，其两端膨大，中间细长，呈哑铃形。各节均有4个刺突，上生刺毛，胸部及尾部有4个刺突特别长，体背中部有5对刺突很小，有的接近退化。蛹椭圆形，淡黄褐色，长13～15毫米。茧灰白色，上有黑褐色不规则纵纹，较坚硬，形似雀蛋。

生活习性 黄刺蛾在长江中下游地区1年发生1～2代，以老熟幼虫在茶树枝干上结茧越冬。翌年5—6月化蛹，5月下旬成虫开始羽化产卵。幼虫分别于6—7月、8—9月为害，9月上中旬起陆续结茧。成虫趋光性弱。雌蛾将卵产于茶树叶背尖端，散产或数粒排列成块状。初孵幼虫群集性强，常数头聚集在叶背，咬食下表皮和叶肉；4龄后将叶片咬食成孔洞或缺刻，甚至仅留主脉。幼虫老熟时，爬至枝干的适合部位结茧化蛹。

防治措施 参照茶刺蛾。

黄刺蛾成虫

40 茶锈刺蛾

茶锈刺蛾（*Phrixolepia sericea* Butler），又称赤刺蛾，属鳞翅目、刺蛾科，是一种杂食性害虫，主要为害柞树等林木，在茶园偶见。

分布为害 目前已知在浙江茶园有分布。以幼虫取食茶树叶片为害。

识　别 茶锈刺蛾成虫体长约 12 毫米，翅展 24 毫米。体细，赤褐色。前翅较宽，臀角圆，赤褐色；前翅中线外拱，灰白色。后翅浅褐色，缘毛长。卵圆形，黄白色，长约 1 毫米。老熟幼虫体长约 18 毫米，全体透明质感，密布微刺毛。幼虫体上有不规则锥形肉质凸起，其中有 3 对凸起较大。凸起前端赤色，中上部被有黑色刺毛。低龄幼虫浅绿色，老熟幼虫海蓝色。茧灰褐色，表面光滑，椭圆形，长约 10 毫米。蛹黄白色。

生活习性 茶锈刺蛾 1 年发生 2 代，以老熟幼虫在浅土中或土表落叶中结茧越冬。成虫趋光性较强，卵散生于叶片背面。初孵幼虫于叶背啃食叶肉，留下上表皮不规则透明斑，从 3 龄起啃食叶片成缺刻。幼虫受到碰触后，肉质凸起极易脱落。低龄幼虫肉质毛刺脱落对后期生长有影响，老熟幼虫则无影响。

防治措施 目前对茶叶生产未构成影响，无须专门防治。

茶锈刺蛾幼虫

41 桑褐刺蛾

桑褐刺蛾（*Setora sinensis* Moore），又称褐刺蛾，属鳞翅目、刺蛾科，是茶园常见的一种刺蛾类害虫。

分布为害 我国各产茶区均有分布。以幼虫咬食茶树叶片为害。幼虫虫体上刺毛触及人体皮肤会红肿痛痒，影响茶园管理。

识　　别 桑褐刺蛾成虫体长15～18毫米，翅展31～39毫米，体褐色。前翅褐色，前缘近2/3处至近肩角和近臀角处，各有1条暗褐色弧形横线。雌蛾体色和斑纹较雄蛾浅。卵椭圆形，黄色半透明。幼虫最长时体长35毫米，体黄色，背线天蓝色，各节在背线上前后各有1对黑点，亚背线上方各节有1对刺突，其中后胸及第1、5、8、9腹节刺突最大。茧灰褐色，椭圆形，长14～15毫米。

生活习性 桑褐刺蛾1年发生2～4代，以老熟幼虫在茶树枝干附近土中结茧越冬。1年发生3代的地区成虫分别在5月下旬、7月下旬、9月上旬出现。成虫夜间活动，有趋光性。雌蛾产卵于叶背，幼虫孵化后栖居在叶背为害，低龄幼虫咬食表皮和叶肉，3龄后自叶尖咬食叶片成平直缺口如刀切，幼虫老熟后爬至茶丛根际浅土中结茧化蛹。

桑褐刺蛾成虫

桑褐刺蛾幼虫（低龄）

防治措施 （1）在茶树越冬期结合施肥和翻耕，将茶树根际附近的枯枝落叶及表土清至行间，深埋入土。（2）利用成虫趋光性，在成虫盛发期用杀虫灯诱杀。（3）夏季低龄幼虫群集为害时，摘除虫叶，人工捕杀幼虫。（4）药剂防治：在 1 ～ 3 龄幼虫发生期喷施，药剂可选用 8000IU/ 毫克苏云金杆菌可湿性粉剂 800 ～ 1000 倍液，或 2.5% 高效氯氟氰菊酯乳油 2000 ～ 3000 倍液，或 0.6% 苦参碱水剂 800 ～ 1000 倍液等。

桑褐刺蛾幼虫（中龄）

桑褐刺蛾幼虫（高龄）

桑褐刺蛾茧

42 绒刺蛾

绒刺蛾［*Phocoderma velutina*（Kollar）］，又称八角丁，属鳞翅目、刺蛾科，是南方茶区较常见的一种刺蛾类害虫，除为害茶树外，还为害油茶树、梨树、芒果树等多种植物。

分布为害 绒刺蛾主要分布于贵州、云南、广东、海南、四川、湖南、西藏、江西等省份。以幼虫咬食茶树叶片为害。幼虫虫体上的刺毛毒性大，触及人体皮肤即剧痛红肿，影响茶园管理。

识　　别 绒刺蛾雌成虫体长 21 ～ 25 毫米，翅展 50 ～ 65 毫米，体黑褐色，带紫色光泽，触角丝状。前翅前部大半呈黑褐色梯形斑，亚外缘线黑褐色；自翅基 1/3 后缘有 1 条灰白色弧线斜向顶角后方与亚外缘线相连，并在臀角内侧围成新月形浅黑褐色大斑；外缘为灰褐色宽带；后翅淡褐色。雄成虫略小，触角短栉齿状。卵扁平，椭圆形，黄绿色至淡绿色。幼虫共 7 龄，成熟后体长 40 ～ 45 毫米，体绿色；前后各有 4 个长刺突，长约 15 毫米，上着生黑褐色长刺毛；体背、体侧各有姜黄色斑块 8 个，体背的斑块呈梯形、三角形或椭圆形，体侧的斑块呈菱形，体背长刺突间的斑块相对较大。茧长卵形，灰褐色，长 21 ～ 28 毫米。蛹淡黄色至黑褐色，头顶锥形，胸背脊凸起。

生活习性 绒刺蛾在贵州 1 年发生 1 代，以老熟幼虫在茶丛根际土内结茧越冬。翌年 5 月中旬至 7 月上旬化蛹，成虫于 6 月上旬至 8 月中旬羽化产卵；幼虫于 6 月下旬开始出现，于 8 月中旬至 10 月上旬老熟后移至根际土中结茧越冬。成虫昼伏夜出，具趋光性，飞翔力强。卵散产于中下部叶背，多产于边缘茶丛。低龄幼虫自叶缘取食形成缺刻，3 龄后自叶尖取食形成平切或食尽全叶。

防治措施 参照茶刺蛾。

绒刺蛾幼虫

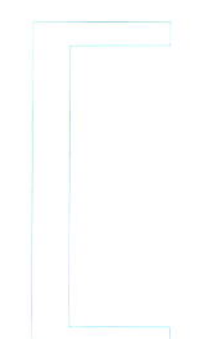

43 茶蚕

茶蚕（*Andraca bipunctata* Walker），又称茶狗子、茶叶家蚕、无毒毛虫等，属鳞翅目、蚕蛾科、茶蚕蛾属，是茶树上一种较常见的食叶害虫。

分布为害 茶蚕主要分布于江苏、浙江、安徽、湖南、湖北、福建、四川、云南、广西、广东、海南、台湾等省份。以幼虫咬食茶树叶片为害，发生严重时，可将茶丛叶片全部吃光。

识　　别 茶蚕成虫体长 12 ～ 20 毫米，翅展 26 ～ 60 毫米，体、翅咖啡色，有丝绒状光泽。前翅翅尖向外伸出略呈钩状，翅面有 3 条暗褐色波状横线，外横线具分叉伸向前角，翅中央有 1 个黑色圆点，外横线外方具灰白色圆斑 1 块；后翅色稍淡，有 2 条波状纹与前翅横线连接。雌蛾触角白色栉齿状，但栉齿甚短近丝状；雄蛾较雌蛾色深，前翅顶角钩状部较平直，触角褐色呈羽毛状。卵椭圆形，长 1.0 ～ 1.3 毫米，淡黄色，常数十粒成行排列在叶背呈长方形卵块。幼虫共 5 龄，1 龄幼虫体橘黄色，被细绒毛;2 龄后体黄褐色，前胸背部有一黑色横向条斑;3 龄幼虫体表出现黄白相间纵线，各体节背面出现 2 个对称黑斑；老熟幼虫体长 30 ～ 55 毫米，赤褐色，腹部前端向头部和胸部逐渐变细、变小，全体呈纺锤形，体表密生黄褐色短绒毛。背线、侧线、气门线和腹线均为黄白色，各体节多有 3 条黄色细横线，纵横构成许多小方格。各节气门前有 1 个黑色圆斑，气门后有 1 个橘红色斑。蛹纺锤形，长 16 ～ 22 毫米，暗红褐色，末端有黄褐色绒毛。蛹外有丝质茧，茧长约 22 毫米，椭圆形，灰褐色至棕黄色。

茶蚕成虫（雌）

茶蚕成虫（雄）

茶蚕卵

生活习性 茶蚕1年发生2～4代，多以蛹在茶树根际落叶下与杂草间越冬，不同地区的发生代数和越冬虫态存在差异。2代区，第1、2代幼虫为害期分别为5—6月、8—10月。3代区，第1、2、3代幼虫为害期分别为4月中旬至6月中旬、6月上旬至8月上旬、9月下旬至10月上旬。在福建，以2代蛹越夏，第3代幼虫为害期推迟到10月上旬至11月中旬。成虫趋光性不强，多栖于丛间枝叶或地面上。雌蛾产卵于茶丛中上部嫩叶背面，每头雌蛾可产卵百余粒。初孵幼虫具群集性，群栖于叶背。1龄幼虫在原卵块处聚集取食卵壳；2龄幼虫从叶缘向内取食叶肉，仅留主脉；3龄后幼虫则群栖于枝上，缠绕成一团，并不断向上取食；老熟幼虫爬至茶树根际处落叶下或表土中结茧化蛹。

防治措施 （1）农业防治：结合伏耕和冬耕施肥，将根际附近落叶和表土中虫蛹深埋入土。（2）物理防治：茶蚕幼虫具有群集习性，可进行人工捕捉。（3）生物防治：可选植物源农药0.6%苦参碱水剂800～1000倍液，或200亿孢子/克球孢白僵菌可分散油悬浮剂250倍液防治。（4）化学防治：施药适期掌握在3龄前幼虫期，可选用2.5%溴氰菊酯乳油2000～3000倍液等菊酯类农药进行防治。

茶蚕幼虫（低龄）

茶蚕幼虫（高龄）

茶蚕蛹

茶蚕蛹茧

44 茶卷叶蛾

茶卷叶蛾（*Homona coffearia* Meyrick），又称褐带长卷叶蛾、后黄卷叶蛾，属鳞翅目、卷叶蛾科，是茶树上一种重要的食叶害虫。

分布为害 我国各产茶区均有分布，主要分布在广东、广西、云南等省份。以幼虫吐丝卷结嫩叶成苞状，匿居苞内咬食叶肉，影响茶叶产量与品质。

识　别 茶卷叶蛾成虫体长 8 ～ 11 毫米，翅展 23 ～ 30 毫米。体、翅多淡黄褐色，色斑多变。雄蛾翅上斑纹色较深，前缘基部有一半椭圆形凸出部分，常反折叠于翅面。卵扁平，椭圆形，淡黄色。卵常近百粒成块产在叶面，似鱼鳞状，覆透明胶质。幼虫大多为 6 龄，体长可达 18 ～ 26 毫米。头褐色，体黄绿色至淡灰绿色，体表有白色短毛。前胸背板近半圆形、褐色，后缘深褐色。蛹纺锤形，黄褐色至暗褐色。臀棘长，黑色，末端有 8 枚小钩刺。

生活习性 茶卷叶蛾以老熟幼虫在卷叶苞内越冬，1 年发生 4 ～ 6 代。翌年 4 月上旬开始化蛹羽化。成虫夜晚活动，趋光性较强。卵产于成叶、老叶正面。初孵幼虫很活泼，吐丝或爬行分散，在芽梢上卷缀嫩叶藏身，咬食叶肉。随着虫龄的增长逐渐增加食叶量，虫苞卷叶数可多达 10 叶。幼虫老熟后，即在卷叶苞内化蛹。

茶卷叶蛾成虫（雌）

茶卷叶蛾成虫（雄）

防治措施 （1）人工清除虫苞：掌握在1龄幼虫发生盛期，适时分批采摘。（2）灯光诱杀：利用成虫的趋光性，安装杀虫灯诱杀成虫。（3）药剂防治：防治适期掌握在1～2龄幼虫盛发期，药剂选用10%联苯菊酯水乳剂3000倍液，或4.5%高效氯氰菊酯乳油2000倍液，或0.6%苦参碱水剂800～1000倍液等。

茶卷叶蛾卵块

茶卷叶蛾幼虫

茶卷叶蛾蛹

茶卷叶蛾为害状

45 茶小卷叶蛾

茶小卷叶蛾（*Adoxophyes orana* Fischer von Rosl.），又称小黄卷叶蛾、棉褐带卷叶蛾，属鳞翅目、卷叶蛾科，是茶树上一种重要的食叶害虫。

分布为害 我国各产茶区均有分布。以幼虫取食茶树叶片为害，影响茶树生长和茶叶产量。除为害茶树外，还为害油茶树、柑橘树、梨树、苹果树、棉花等植物。

识　　别 茶小卷叶蛾成虫体长 6 ～ 8 毫米，翅展 15 ～ 22 毫米，淡黄褐色。前翅近长方形，散生褐色细纹，有 3 条明显的深褐色斜行带纹，分别在翅基、翅中部和翅尖，翅中部带纹呈 H 形。雄蛾翅基部褐带宽且明显。后翅灰黄色，外缘稍褐色。卵扁平，椭圆形，淡黄色。卵块扁平，近似椭圆形，由数十粒至百余粒呈鱼鳞状排列，表面覆有透明胶质物。幼虫共 5 龄。成熟后体长 16 ～ 20 毫米，体鲜绿色，头部橙黄色，前胸硬皮板浅黄褐色。蛹初为绿色，后变为黄褐色。腹末有 8 根弯曲臀棘。

茶小卷叶蛾成虫

茶小卷叶蛾卵块

生活习性 茶小卷叶蛾以老熟幼虫在虫苞中越冬。1年发生代数各地略有差异，贵州1年发生4代，长江中下游地区1年发生5代，广东1年发生6～7代，台湾1年发生8～9代。成虫有趋光性。卵成块产于茶树中下部成叶、老叶背面。幼虫孵出后向上爬至芽梢或吐丝随风飘至附近枝梢上，潜入芽尖缝隙内或初展嫩叶端部、边缘吐丝卷结匿居，咀食叶肉。3龄后将邻近2叶至数叶结成虫苞，在苞内咀食，为害叶片出现明显的透明枯斑。随着虫龄的增长，由蓬面逐渐转向茶树中下部为害成叶或老叶。在茶园中有明显的发虫中心。幼虫十分活泼，3龄后受惊常弹跳坠地逃脱，老熟后即在虫苞内化蛹。

防治措施 参照茶卷叶蛾。

茶小卷叶蛾幼虫

茶小卷叶蛾蛹

茶小卷叶蛾为害状

46
湘黄卷蛾

湘黄卷蛾（*Archips strojny* Razowski），属鳞翅目、卷蛾科、黄卷蛾属，是一种重要的茶树卷叶害虫。

分布为害 湘黄卷蛾分布在上海、江苏、浙江、安徽、福建、江西、湖北、湖南、海南、云南等省份。以幼虫取食茶树叶肉为害。

识　别 湘黄卷蛾成虫停息在叶片上，呈钟形。雌蛾体形较大，雄蛾相对较小，雌、雄蛾前翅斑纹有明显差别。雌蛾前翅棕黄色，基斑、中带和端纹不明显，只隐约可见褐色暗斑。雄蛾前翅前缘褶凸出，前翅淡棕黄色，上有深褐色斑；共有基斑、中带和端纹3块深褐色斑，基斑位于前缘褶下，中带上窄下宽，端纹由前缘沿外缘向臀角延伸，形成上宽下窄；缘毛黄褐色。卵扁平，黄色，短纺锤形，覆瓦状排列在一起形成卵块，卵块上覆有1层白色胶状膜。幼虫共5龄，1～2龄幼虫体淡黄色；3～4龄幼虫体淡绿色或淡棕色，头壳及前胸背板黑色；5龄幼虫体淡绿色，头壳棕色，前胸背板黑色，前胸背板前缘有1条白线。蛹棕红色，腹部2～7节背面各有2列钩刺突，腹末有8根弯曲臀棘。

湘黄卷蛾成虫（雌）

湘黄卷蛾成虫（雄）

生活习性 浙江1年发生4代，幼虫发生期分别在4月上旬至5月上旬、6月上旬至7月上旬、7月中旬至8月中旬、9月上旬至10月下旬。初孵幼虫十分活泼，喜四处爬行，趋光性极强，并喜吐丝悬挂在茶枝中下部，随风扩散。幼虫吐丝将叶边缘向内卷，匿居其中取食表皮和叶肉，并逐步将嫩叶由叶缘纵向卷成虫苞，躲在苞内取食。幼虫3龄后常吐丝将芽梢的2张叶片缀在一起，躲在其中取食。随幼虫龄期的增长，吐丝所缀结的叶片不断增加。

湘黄卷蛾卵块

防治措施 参照茶卷叶蛾。

湘黄卷蛾幼虫

湘黄卷蛾蛹

湘黄卷蛾为害状（初期）

湘黄卷蛾为害状（后期）

47 茶细蛾

茶细蛾（*Caloptilia theivora* Walsingham），又称三角卷叶蛾，属鳞翅目、细蛾科，是茶园常见的一种为害卷叶的害虫。

分布为害 我国各产茶区均有分布。以幼虫卷叶取食茶树叶片为害，影响茶树生长和茶叶产量。

识　别 茶细蛾成虫体长 4 ～ 6 毫米，翅展 10 ～ 13 毫米。触角褐色，丝状。前翅褐色具暗斑且带紫色光泽，前缘中部翅面有 1 块较大的金黄色三角形斑块；后翅暗褐色，缘毛长。卵椭圆形，扁平，无色半透明。幼虫乳白色半透明，口器褐色，眼黑色，体上生有白色短毛。前期较扁平，头小，胸腹部宽，向后渐细；后期筒形，可透见体内绿色或紫色的消化道。成熟幼虫体长 7 ～ 10 毫米。蛹圆筒形、淡褐色，茧灰白色。

生活习性 茶细蛾以蛹在茶树老叶背面越冬，1 年发生 7 代左右。成虫栖息于茶丛时，前中足与体翅呈“人”字形，有趋光性。卵散产于芽梢嫩叶背面。幼虫孵化后在叶背下表皮潜叶取食叶肉（潜叶期）；3 龄幼虫将叶缘向叶背卷折，在卷边内取食叶肉（卷边期）；4 龄后期幼虫将叶尖沿叶背卷成三角形虫苞（卷苞期），在苞内取食，可转移再行卷苞为害；5 龄幼虫老熟后爬至成叶或老叶背面结茧化蛹。

茶细蛾成虫（背面）

茶细蛾成虫（侧面）

防治措施 (1) 人工采摘: 利用茶细蛾为害特点及时摘除卷边或卷苞受害叶。(2) 灯光诱杀: 使用杀虫灯诱杀成虫，减少下一代幼虫发生量。(3) 药剂防治: 在幼虫潜叶期和卷边期，可结合其他害虫的防治进行兼治。

茶细蛾幼虫（剥开三角形虫苞）

茶细蛾茧

茶细蛾为害状（左为卷边期，右为潜叶期）

茶细蛾为害状（卷苞期）

48 茶新木蛾

茶新木蛾（*Neospastis camellia* S. Wang），曾名思茅新木蛾，属鳞翅目、木蛾科、新木蛾属，是一种食叶害虫。

分布为害 茶新木蛾主要发生在云南省。以幼虫吐丝缀叶成苞，居中咬食成叶和老叶为害，初孵幼虫部分蛀食嫩梢，发生严重时，可致茶丛光秃，虫粪累累。

识　别 茶新木蛾成虫体长约 10 毫米，翅展 27 ～ 33 毫米，胸背部有 1 个圆形黑点。前翅黄白色，散生黑褐色小点，翅中部有 1 条黑褐色纹，近外缘至后缘有 1 条淡褐色弧形纹，外缘有 1 列小黑点；后翅白色，无点纹。雌蛾触角线形，雄蛾触角双栉形。卵椭圆形，黄绿色，长约 1.2 毫米，宽约 0.8 毫米。成熟幼虫体长 22 ～ 28 毫米，体黄色，头黑色，各体节有 2 块黑斑连成 2 条黑色带纹，下方两侧均有 2 个黑色毛疣。蛹长约 9 毫米，宽 5 毫米，初为淡褐色，后转为黑褐色，背面隆起呈龟壳状，表面发亮。

生活习性 茶新木蛾以幼虫在茶树叶苞中越冬，1 年发生 2 ～ 4 代。成虫不善飞翔，无趋光性。卵多产于老叶背面，同一叶片上有数粒至十多粒不等。幼虫共 6 ～ 8 龄。初孵幼虫大都在两叶片之间吐丝结成纺锤形虫苞，匿居其中取食叶肉，黑色粪粒黏附于虫苞周围；少部分幼虫孵化后，从芽梢叶腋或顶芽蛀入新梢嫩茎蛀食，蛀孔外虫粪聚积；3 龄后虫苞缀至数叶；6 ～ 7 龄进入暴食期，严重时连同嫩枝树皮一并吃光。老熟后留在苞内或爬出至茶丛上部叶面、中下部枝杈处或树上枯叶中化蛹。

茶新木蛾成虫

茶新木蛾卵

防治措施 （1）适时分批采摘：可摘除 1 ～ 2 龄幼虫虫苞和卵块，降低虫口密度。（2）修剪除虫：严重发生的茶园可进行轻修剪，剪除虫苞和枯死枝叶。（3）药剂防治：在幼虫 3 龄前防治，药剂可选用 6% 鱼藤酮微乳剂 1500 倍液，或 0.6% 苦参碱水剂 1000 倍液，或 2.5% 溴氰菊酯乳油 2000 ～ 3000 倍液等。

茶新木蛾幼虫

茶新木蛾蛹

茶新木蛾的纺锤形虫苞

茶新木蛾为害状

49 中华新木蛾

中华新木蛾（*Neospastis sinensis* Bradley），属鳞翅目、木蛾科、新木蛾属，是华南茶区较常见的一种食叶害虫。

分布为害 中华新木蛾主要分布于福建、广东和浙江等省。以幼虫吐丝缀叶成苞，居苞中咀食叶肉为害，初孵幼虫部分蛀食嫩梢，发生严重时可致茶丛光秃。

识　　别 中华新木蛾成虫灰白色，雌成虫体长 12 ～ 13 毫米，翅展 27 ～ 32 毫米，触角丝状；雄成虫体长 8 ～ 9 毫米，翅展 20 ～ 25 毫米，触角栉齿状。胸背部有一圆形黑点。前翅银白色，散生黑褐色小点；中部有一深褐色纵纹，从基部到中央的纵纹明显，中央到外缘的纵纹不明显；近外缘至后缘有一条不太明显的弧形淡褐色纹；前缘有 2 个小褐色斑，外缘有数个排列均匀的小黑色圆点。后翅灰白色。卵椭圆形，长约 1 毫米，黄绿色至浅褐色。幼虫 7 ～ 8 龄。成熟幼虫体长 25 ～ 30 毫米，头部、前胸背板棕黑色。体背黄绿色，各体节背面有 2 块黑斑连成 2 条纵向黑带，腹面米黄色。中胸、后胸和各腹节背面均有 4 个黑色毛瘤。腹部各节两侧分别有 2 个黑色毛瘤，尾节硬皮板黑色，胸足黑色，腹足黄色。蛹长 9 ～ 11 毫米，宽 5.0 ～ 5.5 毫米，黑褐色，背面隆起呈龟壳状，表面发亮。

中华新木蛾成虫

生活习性 中华新木蛾在浙江1年发生2代，以幼虫在茶树叶苞中越冬。越冬幼虫6月上旬开始陆续化蛹，6月下旬羽化。第1代幼虫出现在7月上旬至8月中旬，第2代幼虫于9月出现，10月中下旬开始进入越冬期。初孵幼虫偏好取食幼嫩叶片。3龄后取食较为成熟的叶片，喜将两叶片叠在一起吐丝黏成纺锤形虫苞并隐匿其中进行取食，随着食量的增长，被害茶树叶片常见缺刻。6～7龄进入暴食期，以虫苞为巢取食附近茶树叶片，受害严重的茶树两侧常出现枯枝黄叶。老熟幼虫受到惊扰时会剧烈扭动身体进行逃脱。成虫白天隐藏在茶丛中，傍晚和夜间求偶交配，不具趋光性。

防治措施 参照茶新木蛾。

中华新木蛾幼虫

中华新木蛾蛹

中华新木蛾严重为害状

50 茶褐蓑蛾

茶褐蓑蛾（*Mahasena colona* Sonan），又称茶褐背袋虫，属鳞翅目、蓑蛾科，是茶园常见的一种食叶害虫。

分布为害 我国各产茶区均有分布。以幼虫取食茶树叶片为害，影响茶树生长和茶叶产量。

识　别 茶褐蓑蛾成虫体长15毫米左右，雄成虫翅展24毫米左右，体、翅褐色，腹部有金属光泽，翅面无斑纹。雌成虫蛆状，头淡黄色，体乳黄色。卵椭圆形，乳黄色。成熟幼虫体长可达18～25毫米，头褐色，散生黑褐色斑纹，各胸节背板淡黄色，上有褐色斑纹，腹部黄褐色。雌蛹圆筒形，两端赤褐色，尾端有刺3枚。雄蛹长椭圆形，深褐色。幼虫成长后的护囊长达25～40毫米，较粗大，似宝塔形，枯褐色，丝质，疏松，囊外附缀许多碎叶片。

茶褐蓑蛾成虫（雌）

茶褐蓑蛾成虫（雄）

茶褐蓑蛾幼虫

茶褐蓑蛾蛹（雌）

茶褐蓑蛾蛹（雄）

茶褐蓑蛾雌虫正在羽化

生活习性 茶褐蓑蛾以幼虫在茶树枝叶上的护囊内越冬，1年发生1代。雌成虫的产卵量为300～900粒。初孵幼虫在护囊内取食卵壳，后从母囊下端的排泄孔爬出，并迅速分散，寻找嫩叶，吐丝结囊。茶褐蓑蛾幼虫的护囊疏松，活动性差，扩散性相对也较弱，因此常形成发虫中心。

防治措施 （1）人工摘除护囊：茶褐蓑蛾有明显的发虫中心，幼虫外带护囊，可人工摘除护囊。（2）药剂防治：防治适期应掌握在1～2龄幼虫期，施药集中在发生为害中心，可结合茶园其他害虫的防治进行兼治。

茶褐蓑蛾护囊（低龄幼虫期）

茶褐蓑蛾护囊（高龄幼虫期，左雌右雄）

茶褐蓑蛾为害状（发虫中心）

茶褐蓑蛾为害状

51 白囊蓑蛾

白囊蓑蛾（*Chalioides kondonis* Matsumura），属鳞翅目、蓑蛾科，是茶园较常见的一种食叶害虫。

分布为害 白囊蓑蛾分布在我国江苏、浙江、安徽、福建、江西、湖北、湖南、广东、四川、贵州、云南、台湾等省。以幼虫咬食茶树叶片呈缺刻和孔洞为害。

识　　别 白囊蓑蛾雌成虫无翅，蛆状，黄白色，体长约9毫米；雄成虫体长8～11毫米，翅展18～20毫米，体淡褐色，有白色鳞毛，前后翅均透明。卵为椭圆形，黄白色，长径约0.9毫米。幼虫体红褐色，成长后体长约30毫米，胸部背面硬皮板淡棕褐色，由背线处的白色纵线分成左右2块，各体节都有排列规则的深褐色点纹。蛹赤褐色，雄蛹有明显的翅芽。护囊中型，灰白色，全由丝缀成，丝质较紧密，囊外无叶片和枝梗附着。

白囊蓑蛾护囊

生活习性 白囊蓑蛾1年发生1代，以低龄幼虫在茶树上护囊内越冬。在江西南昌，越冬幼虫于翌年3月中下旬开始活动并取食为害，6月至7月中旬化蛹，6月底至7月上旬成虫开始羽化并产卵，7月中旬幼虫开始孵化，11月中旬停止取食进入越冬期。

白囊蓑蛾为害状

防治措施 同茶褐蓑蛾。

52 大蓑蛾

大蓑蛾（*Cryptothelea variegata* Snellen），又称大背袋虫、大袋蛾，属鳞翅目、蓑蛾科，是茶园较常见的一种食叶害虫。

分布为害 我国各产茶区均有分布。以幼虫取食茶树叶片为害，影响茶树生长和茶叶产量。

识　别 大蓑蛾雄成虫体长15～17毫米，翅展35～44毫米，体、翅黑褐色；雌成虫蛆状，头褐黄色，胸腹部淡黄色，腹末着生淡黄色茸毛。卵椭圆形，淡黄色。雌性幼虫体肥壮，头赤褐色；雄性幼虫较瘦小，头黄褐色。幼虫护囊可达40～60毫米，丝质，质地坚实，囊外附着较大的碎叶片，有时将完整的叶片贴附在外表，很少有茶树枝梗。

生活习性 大蓑蛾以老熟幼虫在护囊内越冬，1年发生1～2代。雄蛾夜晚活动，趋光性强。雌成虫羽化后仍留在囊内，卵产于囊内蛹壳中，平均每头雌虫的产卵量可达上千粒。初孵幼虫在囊内取食卵壳，后从排泄孔爬出，吐丝悬挂随风飘散，并开始结囊取食茶树叶片。

防治措施 （1）人工摘除护囊：大蓑蛾有明显的发虫中心，幼虫外带护囊，可人工摘除护囊。（2）药剂防治：防治适期应掌握在1～2龄幼虫期，施药集中在发生为害中心，可结合茶园其他害虫的防治进行兼治。

大蓑蛾护囊

53
茶小蓑蛾

茶小蓑蛾（*Acanthopsyche* sp.），又称小背袋虫，属鳞翅目、蓑蛾科，是茶园较常见的一种食叶害虫。

分布为害 我国主要产茶区均有分布。以幼虫取食茶树叶片为害，影响茶树生长和茶叶产量。

识　别 茶小蓑蛾雄蛾体长4毫米左右，翅展11～13毫米，体、翅深茶褐色，触角羽状。雌成虫蛆状，体长6～8毫米，头咖啡色，胸、腹部米白色。卵椭圆形，乳黄色。幼虫头咖啡色，体乳白色，有深褐色花纹，体长可达5.5～9.0毫米。护囊长7～12毫米，枯褐色，内壁灰白色，丝质，质地坚韧，囊外黏茶末状细碎叶片，化蛹时在囊的上端有一长丝状柄系于枝叶上。

生活习性 茶小蓑蛾以3～4龄幼虫在护囊内越冬，1年发生2～3代。雄成虫活跃，有趋光性。雌成虫在囊中羽化产卵，每雌产卵量在百粒以上。初孵幼虫在护囊内取食卵壳，后离开母囊在叶背做护囊。护囊由丝黏缀细碎叶片而成，初为黄绿色，后变为枯褐色，3龄后护囊外常黏附有碎叶片和枝皮。

防治措施 （1）人工摘除护囊：茶小蓑蛾幼虫外带护囊，可人工摘除护囊。（2）药剂防治：防治适期应掌握在1～2龄幼虫期，施药集中在发生为害中心，可结合茶园其他害虫的防治进行兼治。

茶小蓑蛾护囊（自然状态）

茶小蓑蛾护囊（叶片平放）

54 茶蓑蛾

茶蓑蛾（*Cryptothelea minuscula* Butler），又称茶背袋虫、袋蛾等，属鳞翅目、蓑蛾科，是茶树上的一种食叶害虫。

分布为害 我国各产茶区均有分布。以幼虫负囊在叶片背面取食茶树叶片为害。

识　别 茶蓑蛾雄成虫体长约 13 毫米，翅展 20 ～ 30 毫米，体、翅深褐色；雌成虫蛆状，体长 12 ～ 16 毫米，头小，胸、腹部黄白色，腹部肥大。卵椭圆形，乳黄白色。幼虫一般为 6 龄，体长 12 ～ 16 毫米。头黄褐色，胸、腹部肉黄色，背部色泽较深，胸部背面有褐色纵纹 2 条，每节纵纹两侧各有褐色斑 1 个；腹部各节有黑色小凸起 4 个，排成“八”字形。蛹长纺锤形，咖啡色，臀棘末端有 2 根短刺。护囊中型，较粗短，囊外紧密黏结纵向平行、长短不一的小茶枝，质地较硬。

生活习性 茶蓑蛾以 3 ～ 4 龄幼虫在护囊中越冬，1 年发生 1 ～ 3 代。雌成虫羽化后仍留在护囊内，雄成虫羽化飞出后即寻找雌虫交尾。雌虫将卵产于囊内。初孵幼虫先在囊内取食卵壳，再从排泄孔涌出，吐丝下垂，散落至附近茶树上，开始营建护囊。低龄时咬食叶肉，形成半透明斑；3 龄后食成孔洞或缺刻，甚至仅剩主脉；4 龄后护囊不断增大，并缀附小段枝梗，排列整齐。幼虫老熟后，在囊内化蛹。幼虫在蜕皮、化蛹或越冬前均吐丝密封护囊上口，悬挂在中下部枝叶上。

防治措施 （1）人工除囊：可结合采茶或进行茶园管理时，摘除虫囊。（2）药剂防治：结合茶园其他害虫的防治进行兼治。

茶蓑蛾成虫（雄蛾停息在雌蛾护囊上端）

茶蓑蛾幼虫及其为害状

茶蓑蛾护囊

55 茶叶斑蛾

茶叶斑蛾（*Eterusia aedea* Linnaeus），又称茶柄脉锦斑蛾，别名茶斑蛾，属鳞翅目、斑蛾科，是茶园常见的一种食叶害虫。

分布为害 茶叶斑蛾主要分布在我国湖南、广东、海南、四川、云南等省。以幼虫咬食茶树成叶和老叶为害，影响茶树生长和茶叶产量。

识　别 茶叶斑蛾成虫体长17～20毫米，翅展55～66毫米。头、胸部黑色，带青蓝色光泽，腹部第1、2节蓝黑色，自第3节起背面黄色、腹面黑色。触角双栉状。翅蓝黑色，前翅有黄白色斑3列，基部有1列连成宽带状。后翅有黄白斑2列，中部黄白色斑呈带状。卵椭圆形，初为乳黄色，后变灰褐色。幼虫体长达20～30毫米，黄褐色，中部较两端肥大。中、后胸各有疣突5对，腹部第1～8节各有3对，第9节有2对，上簇生短毛。体背常有不定型褐色斑纹。蛹黄褐色，茧长椭圆形，淡赭灰色，丝质。

茶叶斑蛾成虫

生活习性 茶叶斑蛾以幼虫在茶树根基部、落叶或土缝中越冬，1年发生2代。成虫飞翔能力强，有趋光性。卵散产或成堆产于茶树枝干、叶片上。初孵幼虫常群集在叶背。2龄后逐渐分散，行动迟缓，稍受惊动疣突上即分泌出透明汁液。低龄幼虫取食下表皮和叶肉，留下上表皮，为害叶片呈现不规则黄色枯斑。3龄后蚕食全叶，常留下叶柄，也有食至半叶即转叶为害。幼虫老熟后，爬至茶树中下部老叶上吐丝，使叶片略向正面卷曲，做成薄茧，化蛹其中。

茶叶斑蛾幼虫

防治措施 （1）清园除虫：冬季结合茶园管理，清除茶丛下落叶，减少越冬幼虫数量。（2）灯诱灭蛾：发蛾期在茶园点灯，可以诱杀成虫。（3）药剂防治：防治适期选择在低龄幼虫期，可选用10%联苯菊酯水乳剂3000倍液，或0.6%苦参碱水剂1000倍液，或2.5%溴氰菊酯乳油2000～3000倍液等。

茶叶斑蛾茧

56 网锦斑蛾

网锦斑蛾（*Trypanophora semihyalina* Kollar），属鳞翅目、斑蛾科，是茶园偶发的一种食叶害虫。

分布为害 目前已知在我国浙江和湖南有分布。以幼虫取食茶树叶片为害。

识　　别 网锦斑蛾成虫翅展35～40毫米，头、胸基部蓝黑色，触角双栉齿状，腹部为黄色和黑色交替出现，至腹部末端全为黑色，并具蓝色光泽。前翅有11个大小不一的透明斑，靠近翅基部有2个，中室1个最大，外围8个；后翅前缘有1块明显的大块黄色斑，靠近外缘有3个透明斑并排在黄色斑纹下。幼虫体长15～25毫米，褐黄色，体较肥厚，各节都生有瘤突。头部有1对较凸出的红色瘤突，且端部膨大成球状；尾、腹部两侧有3对瘤突，黄色；胸足和腹足均短小。茧结在茶树叶片主脉上，灰色，长椭圆形，将两侧叶缘向上卷曲。

生活习性 网锦斑蛾在现有栽培管理茶园中很少发生，生活习性尚未有详细记载。

防治措施 目前对茶叶生产未构成影响，无须专门防治。

网锦斑蛾成虫

网锦斑蛾幼虫

57 黄条斑蛾

黄条斑蛾（*Eterusia guangxiana* Yen），属鳞翅目、斑蛾科，是茶园偶发的一种食叶害虫。

分布为害 目前已知在我国浙江、广西和贵州有分布。以幼虫咬食茶树叶片为害。

识　　别 黄条斑蛾成虫翅展 50 ～ 60 毫米，头部蓝黑色，有光泽，颈部有 1 条红色环纹。前翅灰黑色，中部有 1 条淡黄色宽横带；后翅黄色，翅基部和外缘灰黑色。幼虫褐黄色，后半部色较浅，体较肥厚，背中线浅黑色，各节都生有 6 个瘤突，周缘的 1 列瘤突端部色较浅，呈橙色至黄色。胸足和腹足均短小。茧灰色，长椭圆形。

生活习性 黄条斑蛾幼虫老熟后，喜吐丝将主脉两侧叶缘向上卷曲，结茧化蛹于其中。在现有栽培管理茶园中该虫很少发生，生活习性尚未详细记载。

防治措施 目前黄条斑蛾对茶叶生产未构成影响，无须专门防治。

黄条斑蛾成虫

黄条斑蛾成虫（翅展图，背面）

黄条斑蛾幼虫

黄条斑蛾茧

58 铃木窗蛾

铃木窗蛾成虫

铃木窗蛾（*Striglina suzukii* Matsumura），属鳞翅目、窗蛾科，是茶园偶发的一种食叶害虫。

分布为害 目前已知在我国浙江和湖南有分布。以幼虫卷叶咬食茶树叶片为害。

识　　别 铃木窗蛾雄蛾体长9～10毫米，翅展18～20毫米；雌蛾体长10～11毫米，翅展25毫米左右。成虫头顶和翅面均为棕黄色，触角丝状。翅底淡黄色至棕黄色，前翅前缘和后翅后缘部色稍深。前翅、后翅亚外缘线明显，由灰黑色小黑点不连续组成，其他线纹部分不明显。前翅有3个黑斑呈“品”字形排列，靠外缘的1个黑斑稍小；后翅有7～8个小黑斑呈不规则排列，靠中横线外侧的黑斑较大。后足胫节具毛束。幼虫头棕红色，头顶有2个大黑斑，虫体淡黄色，体光滑。卵散产于嫩叶、芽梢上，棱柱形，淡黄色，两端较平。蛹赭红色，椭圆形。

铃木窗蛾幼虫

生活习性 铃木窗蛾幼虫喜将叶片纵向卷成一圆筒状，藏身于筒内取食。仅发生在个别茶园，生活习性尚未有详细记载。

防治措施 目前对茶叶生产未构成影响，无须专门防治。

铃木窗蛾为害状

59 山茶螟

山茶螟（*Samaria ardentella* Ragonot），属鳞翅目、螟蛾科，是茶园偶发的一种食叶害虫。

分布为害 目前已知在我国浙江茶园有分布。以幼虫取食茶树叶片为害。

识　　别 山茶螟成虫体小，体、翅紫红色。前翅靠近外缘部分呈紫黑色，亚外缘线明显，紫色，缘毛较长。幼虫体长约10毫米，黄白色，虫体上多不规则白色肉瘤，每个肉瘤上长有白色长毛，肉瘤边有黑斑。茧呈橄榄形，较细长；共有2层，里层红褐色，质地较致密，外层白色，丝质薄而透明。蛹为褐色。

生活习性 山茶螟幼虫喜吐丝将2片茶叶缀连，躲在两叶中间取食上下表皮和叶肉。幼虫有群集性，常数头幼虫在一起为害。幼虫老熟后，在2片被为害叶之间结茧化蛹，常数个茧结在一处。山茶螟幼虫为害处常伴有蜘蛛网。

防治措施 目前对茶叶生产未构成影响，无须专门防治。

山茶螟成虫

山茶螟幼虫

山茶螟茧

山茶螟为害状

60 茶鹿蛾

茶鹿蛾（*Amata germana* Felder），又称蕾鹿蛾，属鳞翅目、鹿蛾科，是茶园较常见的一种食叶害虫。

分布为害 茶鹿蛾主要分布在我国南方产茶的省份。以幼虫咬食茶树叶片为害。

识　　别 茶鹿蛾雌蛾翅展31～40毫米，雄蛾翅展28～35毫米。头部黑色，胸、腹部橙黄色，各节有1条黑色环纹。触角丝状、黑色，顶端白色。前翅黑色，上有5个透明斑，其中近外缘中部的1个透明斑被翅脉分为2块。幼虫头部红褐色，着生白色细毛。体黑色，密被黑色短毛呈绒毛状。各节着生灰黑色肉瘤5对，分为2行，前行1对，后行4对。肉瘤上着生长毛20余根，长毛上又着生白色细毛。蛹初期乳白色，后期转暗褐色。

生活习性 茶鹿蛾1年发生2代。成虫有趋光性，常在白天停息于丛面交尾。卵多产在老叶背面。初孵幼虫先食卵壳，后群集于叶上，取食叶肉组织；2龄后开始在茶丛中分散为害，咬食成叶和老叶；老熟后吐丝将2～3叶缀连，倒挂化蛹于其中。

防治措施 茶鹿蛾在茶园零星发生，对茶叶产量影响有限，一般无须专门防治。

茶鹿蛾成虫交尾

61 茶叶夜蛾

茶叶夜蛾［*Agrotis canescens*（Butler）］，又称灰夜蛾、灰地老虎，属鳞翅目、夜蛾科，是茶园较常见的一种食叶害虫。

分布为害 茶叶夜蛾分布于我国江苏、浙江、安徽、江西、湖南等省，部分年份在局部茶区发生严重。幼虫咀食叶片或咬断嫩芽为害茶树，大发生时茶丛下满地是新鲜的芽叶，影响春茶产量。

识　　别 茶叶夜蛾成虫灰褐色。前翅灰黄色至褐色，沿中线至肩角色较深，具隐约的外横线、内横线和外缘线；在外缘线处有7个黑点，中室附近有“一”字形的白线纹；后翅灰褐色，肩角前缘黄白色。触角丝状。卵扁球形，初产时乳白色，后渐变为淡黄色、棕黄色，表面有鱼篓状棱纹。老熟幼虫体长25～31毫米，4龄前虫体绿色，4龄后虫体逐渐粗壮，体色由绿色渐变为灰绿色、紫黑色。

生活习性 茶叶夜蛾以卵越冬，1年发生1代。成虫昼伏夜动，有趋光性。卵散产在茶丛枯枝落叶上。初孵幼虫爬至茶树中下部成叶、老叶背面，取食下表皮和叶肉，为害叶片形成黄色枯斑；2龄后食成孔洞；4龄后食量猛增，白天潜伏在茶树根际落叶下或表土内，晚上上树蚕食鲜嫩芽叶，直至翌日日出前再爬回根际落叶下或表土内。幼虫取食芽叶时，大多将嫩茎咬断，芽叶跌落地面。幼虫老熟后，爬至茶树根际附近落叶下或表土内化蛹。

防治措施 （1）清园除虫：冬季结合茶园管理，清除茶丛下落叶，减少越冬卵的数量。（2）灯诱灭蛾：发蛾期在茶园点灯，可以诱杀成虫。（3）药剂防治：防治适期选择在低龄幼虫期，可选用2.5%溴氰菊酯乳油3000倍液，或240克/升虫螨腈悬浮剂1500～2000倍液，或10%氯氰菊酯乳油2000～3000倍液等。

茶叶夜蛾幼虫

62 斜纹夜蛾

斜纹夜蛾［*Spodoptera litura*（Fabricius）］，又称莲纹夜蛾，属鳞翅目、夜蛾科，是较常见的一种杂食性食叶害虫。

分布为害 我国主要产茶区均有分布。以幼虫啃食茶树叶片为害，有时也啃食嫩茎干，造成茶梢枯焦。

识　别 斜纹夜蛾成虫前翅灰褐色，具许多斑纹，中有 1 条灰白色宽阔的斜纹；后翅白色，外缘暗褐色。卵半球形，黄白色至紫黑色。常数十至上百粒集成卵块，外覆黄白色绒毛。老熟幼虫体长 38 ～ 51 毫米，色泽变化较多，黄绿色至黑褐色均有，体表散生小白点。蛹长卵形，红褐色至黑褐色。

生活习性 斜纹夜蛾 1 年发生 5 ～ 9 代，以蛹在土中越冬，少数以老熟幼虫在枯叶、杂草中越冬。成虫具趋光性和趋化性，具有长距离迁飞习性。卵多产于叶片背面。幼虫共 6 龄，有假死性。初孵幼虫具有群集为害习性，3 龄后开始分散，4 龄后进入暴食期。

防治措施 斜纹夜蛾在茶园偶见，当周边作物收获后迁移到茶园为害，一般无须专门防治。如发生严重，可参照茶叶夜蛾进行防治。

斜纹夜蛾成虫（侧面）

斜纹夜蛾蛹

斜纹夜蛾成虫（背面）

斜纹夜蛾卵块

斜纹夜蛾初孵幼虫

斜纹夜蛾幼虫

斜纹夜蛾为害状（叶肉被啃食）

斜纹夜蛾为害状（叶片被咬穿）

斜纹夜蛾为害状（茎干被啃食致芽梢枯焦）

63 茶潜叶蝇

茶潜叶蝇［*Tropicomyia theae*（Cotes）］，属双翅目、潜蝇科，是茶园常见的一种小型食叶害虫。

分布为害 我国各产茶区均有分布。幼虫在叶片内蛀食叶肉为害茶树，叶面呈苍白色线痕。

识　别 茶潜叶蝇成虫体长约1.5毫米，体黑色，具蓝黑色光泽。复眼大，红色。胸部蓝黑色，列生黑色刺毛。腹部暗黑色。翅透明，有暗色细毛。幼虫圆筒形，尾端较细，体淡黄色，口钩黑褐色，第3节背面有1对黑褐色线状凸起。老熟幼虫体长约2.2毫米。蛹近纺锤形，较宽短而略扁平，体长1.8～2.0毫米，黄褐色。蛹前端有1对黑色小枝状突，凸起端部稍膨大且弯曲；尾端收缩，向下有1对黑色小粒状突。

生活习性 茶潜叶蝇1年发生代数不详，以幼虫潜伏在叶肉组织内越冬。春暖季节出现成虫，卵散产于嫩叶表面。幼虫孵化后蛀入叶内潜食叶肉，老熟后即在叶内潜道中化蛹。

防治措施 （1）人工摘除带虫叶。（2）药剂防治：防治适期应掌握在低龄幼虫期，可结合茶园其他害虫的防治进行兼治。

茶潜叶蝇成虫

茶潜叶蝇幼虫

茶潜叶蝇蛹

茶潜叶蝇为害状（初期）

茶潜叶蝇为害状（后期）

64
茶丽纹象甲

茶丽纹象甲（*Myllocerinus aurolineatus* Voss），又称茶叶象甲、茶小绿象甲，属鞘翅目、象甲科，是我国茶区夏茶期间的一种重要害虫。

分布为害 茶丽纹象甲分布在我国浙江、安徽、福建、江西、湖南、云南等省。以成虫取食茶树嫩叶为害，为害后叶片呈现不规则的缺刻，影响茶叶的产量和品质。

识　别 茶丽纹象甲成虫体长6～7毫米，灰黑色，体背具由黄绿色、闪金光的鳞片集成的斑点和条纹。头喙宽短。触角膝状，柄节较直且细长，端部3节膨大，生于头喙顶端。复眼长于头的背面，略凸出。鞘翅近中央处有较宽的黑色横纹。卵椭圆形，初为黄白色，后渐变为暗灰色。幼虫乳白色至黄白色，最长时体长5～6毫米，体多横皱，无足，主要生活在土中。蛹长椭圆形，淡黄白色，羽化前转灰褐色，头顶及各体节背面有刺突6～8个，胸部的刺突较为明显。

生活习性 茶丽纹象甲以幼虫在茶园土壤中越冬，1年发生1代。一般6月上旬至7月上旬成虫盛发。初羽化出的成虫乳白色，在土中潜伏待体色由乳白色变成黄绿色后才出土。成虫具假死习性，受惊后即坠落地面。成虫产卵盛期在6月下旬至7月上旬，卵分批散产在茶树根际附近的表土中。幼虫孵化后在表土中活动取食茶树及杂草根系，直至化蛹前再逐渐向土表转移。

茶丽纹象甲幼虫

茶丽纹象甲蛹

防治措施 （1）茶园耕作：7—8 月进行茶园耕锄、浅翻，秋末施基肥、深翻，可明显影响初孵幼虫的入土及此后幼虫的存活。（2）人工捕杀：利用成虫的假死性，在成虫发生高峰期用振落法捕杀成虫。（3）药剂防治：施药适期应掌握在成虫出土盛末期，可选用 10% 联苯菊酯水乳剂 1000 ～ 2000 倍液。

茶丽纹象甲成虫

茶丽纹象甲为害状

65 茶芽粗腿象甲

茶芽粗腿象甲（*Ochyromera quadrimaculata* Voss），又称茶四斑小象甲，属鞘翅目、象甲科，是茶园常见的一种食叶害虫。

分布为害 茶芽粗腿象甲主要分布在我国浙江、安徽、福建、江西、贵州等产茶省。以成虫取食茶树嫩叶为害，为害叶片上呈现多个半透明圆斑和孔洞，影响茶树生长和茶叶产量。

识　　别 茶芽粗腿象甲成虫体长约 3.5 毫米。头及前胸背板棕黄色至棕红色，其余均为淡黄色。触角球杆状，生于喙端 1/3 处。鞘翅棕黄色，翅面近中部有一倒“八”字形的黑褐色斑纹，近末端有 1 对褐色圆斑。足棕黄色，腿节膨大，内侧有 1 个较大齿突。卵椭圆形，乳白色。成熟幼虫体长 4.0 ～ 4.5 毫米，头棕黄色，体乳白色，肥而多皱。蛹椭圆形，白色至淡黄色。

生活习性 茶芽粗腿象甲以幼虫在茶丛根际土壤中越冬，1 年发生 1 代。4 月下旬至 5 月上中旬为成虫盛发期。成虫爬行敏捷，不善飞翔，具假死性，趋嫩性强。卵多产于茶树根际落叶和表土中。幼虫孵化后即潜入表土，取食须根。

防治措施 参照茶丽纹象甲。

茶芽粗腿象甲成虫

茶芽粗腿象甲蛹

茶芽粗腿象甲为害状

66 大灰象甲

大灰象甲（*Sympiezomias citri* Chao），又称柑橘灰象甲，属鞘翅目、象甲科，是柑橘上较常见的一种食叶害虫，也为害茶树。

分布为害 大灰象甲主要分布在我国福建、湖南、广东、广西、四川等省份。以成虫取食茶树嫩叶为害，影响茶树生长和茶叶产量。

识　　别 大灰象甲成虫体长10毫米左右，体黑色，密被灰白色鳞毛。前胸背板中央黑褐色，两侧及鞘翅上的斑纹呈褐色。头部粗且宽，表面有3条纵沟，中央1条纵沟为黑色，头部前端呈三角形凹入，边缘生有长刚毛。前胸背板卵形，后缘较前缘宽，整个胸部布满粗糙且凸出的圆点。小盾片半圆形，中央也有1条纵沟，鞘翅卵圆形，末端尖锐，鞘翅上各有1块近环状的褐色斑纹和10列刻点，后翅退化。卵长椭圆形，初产时为乳白色，近孵化时为灰黑色。幼虫体长11～14毫米、乳白色，头浅黄色。蛹乳白色带微黄色，腹末具黑褐色臀棘1对。

大灰象甲成虫

生活习性 大灰象甲以幼虫在表土内越冬，1年发生1代。成虫爬行转移动作迟缓，有假死性。卵多产于两叶重叠间或嫩叶卷折间。叶上卵孵化后，幼虫即坠落潜入土中。幼虫生活于土内，取食腐殖质和须根；老熟后做一椭圆形土室并在其中化蛹。

防治措施 （1）清园灭蛹：宜在冬、春季进行翻表土，清除并深埋枯枝落叶。（2）人工捕杀：利用成虫的假死性，进行人工捕捉，集中消灭。（3）药剂防治：施药适期掌握在成虫出土盛末期，可选用10%联苯菊酯水乳剂1000～2000倍液。

大灰象甲为害状

67 茶角胸叶甲

茶角胸叶甲（*Basilepta melanopus* Lefèvre），又称黑足角胸叶甲，属鞘翅目、叶甲科，是茶园较常见的一种食叶害虫。

分布为害 茶角胸叶甲主要分布在我国福建、江西、湖南、湖北、广东、广西等省份。以成虫取食茶树嫩叶或成叶为害，为害叶片上呈不规则的小洞，发生严重时叶片上千疮百孔。

识　别 茶角胸叶甲成虫体长 3 ~ 4 毫米，棕黄色。头部具细小刻点。触角第 1 节膨大，第 2 节短粗，其余各节基部略细、端部略粗。前胸背板宽大于长，刻点大而密，两侧缘中后部成角突。鞘翅背面有 10 ~ 11 列小刻点，每列 24 ~ 38 个，排列整齐；后翅浅褐色膜质。卵长椭圆形，初白色，孵化前变为暗黄色。幼虫头部黄褐色，体白色微带黄色，3 对胸足。蛹为乳白色，腹末有 1 对长而稍弯的臀棘。

茶角胸叶甲成虫

茶角胸叶甲卵

生活习性 茶角胸叶甲以幼虫在土中越冬，1 年发生 1 代。4 月至 5 月上旬为成虫羽化出土期，4—6 月为成虫为害期。成虫无趋光性，具假死性。成虫产卵于表土和枯枝落叶下，幼虫孵化后生活在土中，咬食茶树须根。幼虫老熟后，在土中化蛹。

防治措施 （1）耕作除虫：茶园耕锄、浅翻及深翻，可明显减少土层中的卵、幼虫和蛹的数量。（2）人工捕杀：利用成虫的假死性，用振落法捕杀成虫。（3）药剂防治：施药适期应掌握在成虫出土盛末期，可选用 10% 联苯菊酯水乳剂 1000 ~ 2000 倍液。

茶角胸叶甲为害状

68 毛股沟臀肖叶甲

毛股沟臀肖叶甲（*Colaspoides femoralis* Lefèvre），又名茶叶甲，属鞘翅目、肖叶甲科，是我国南方茶区较常见的一种食叶害虫。

分布为害 毛股沟臀肖叶甲主要分布在贵州、四川、广东、广西、湖南、福建、江西等省份。以成虫咬食茶树嫩叶和嫩茎为害，影响茶叶生长。常与茶角胸叶甲混合发生。

识　别 毛股沟臀肖叶甲成虫长卵形，体长4.8～6.0毫米，体宽2.9～3.4毫米；体背常为亮绿色、金属蓝色或金属黑色；雄虫体色多为光亮的金属绿色，雌虫多呈金属蓝色，少数个体雌雄体背均为具有金属光泽的黑色。体腹面黑褐色。雄虫后足腿节腹面中部有一丛淡黄色毛，雌虫不明显。触角线形，长4.5毫米左右，超过体长；前胸背板无明显的纵皱纹，侧缘弧形；鞘翅基部略宽于前胸背板，刻点细密。卵黄白色，长约1毫米，宽约0.4毫米，长椭圆形。幼虫黄白色，体长5～6毫米。

生活习性 毛股沟臀肖叶甲1年发生1代，以幼虫在茶丛根际土中越冬。在湖南成虫发生期为4月下旬至6月中旬。在贵州，成虫多在6月盛发。冬季低温和幼虫感染白僵菌对种群影响较大。成虫畏光，善飞，具假死性，受惊后即坠地佯死。羽化出土后便爬上茶树取食树冠层叶片，以芽下3～4叶受害最重；还可取食未木质化的嫩茎，形成缺口。卵散产于落叶下表土中。幼虫生活在土中，取食腐殖质与须根。

防治措施 参照茶角胸叶甲。

毛股沟臀肖叶甲成虫

毛股沟臀肖叶甲为害状（为害嫩叶）

毛股沟臀肖叶甲为害状（为害嫩茎）

69 日本条螽

日本条螽（*Ducetia japonica* Thunberg），又称日本绿露螽、褐背露斯，属直翅目、螽斯科，是江南茶区较常见的一种直翅目害虫。

分布为害 我国主要产茶区均有分布。以啃食茶树嫩梢和叶片为害。成虫主要为害嫩梢，致使被啃食处以上的嫩梢掉落或枯焦；啃食叶片后，形成长条形的孔洞或不规则的小型孔洞。

识　　别 日本条螽是一种中型螽斯，体长22～26毫米，有绿色、棕色2种体色。体狭长，头短，侧面观颜面近乎垂直，复眼较小，触角丝状，超过体长。前胸背板平滑略呈马鞍形，前翅、后翅狭长，可到达后足股节后1/3处，后翅明显长于前翅，超出前翅的长度与前胸背板长度相当。雌虫产卵器发达，产卵瓣呈短弯刀状。雄虫外生殖器为双钩状，端部尖狭。雌雄成虫外观相近，但体背颜色有差异。雄性头部及前胸背板中央浅褐色，两侧具深褐色条纹，翅背褐色；前足和中足转节以下均为褐色，后足胫节外侧褐色。雌虫各足的颜色相同，翅背颜色与翅面一致。卵呈甜瓜籽状，浅棕色，长约5毫米，宽2毫米。若虫共5龄，1～2龄无翅，3龄后出现绿色翅芽，体背有3条白色细线纵纹，形态基本同成虫，随着虫龄增长，体形不断增大。

生活习性 日本条螽在长江中下游1年发生1代，以卵越冬。5月中旬至8月中旬茶园里可见若虫，7—10月出现成虫，8月成虫数量较多，主要为害秋梢。

日本条螽雌成虫（绿色型）

日本条螽雌成虫（棕色型）

防治措施 日本条螽在茶园发生数量较少，一般不必采取防治措施。如果发生较多且为害严重，可用以下方法防治。(1) 人工除虫：阴雨天或早上露水未干前，成虫、若虫不活泼，多栖息在树冠的茎叶上，可徒手捕捉。(2) 灯光诱杀：利用成虫的扑灯习性，可结合其他害虫的防治进行灯光诱杀。(3) 药剂防治：若虫孵出后，可用目前茶园中常用的化学农药进行防治。

日本条螽雄成虫

日本条螽若虫

日本条螽为害状

70
短角外斑腿蝗

短角外斑腿蝗［*Xenocatantops brachycerus*（Willemse）］，属直翅目、蝗总科、斑腿蝗科、外斑腿蝗属，是茶园常见的一种直翅目害虫。

分布为害 短角外斑腿蝗分布于河南、陕西、山东、湖北、江苏、浙江、福建、江西、贵州、四川、广西、广东、云南、海南等省份。以成虫和若虫啃食茶树叶片为害，若虫啃食后在叶片上形成枯斑，成虫啃食后形成梅花状或不规则的孔洞。

识　别 短角外斑腿蝗体中小型，粗壮。雄成虫体长 17 ~ 21 毫米，雌成虫体长 22 ~ 28 毫米，黄褐色至暗褐色。颜面略倾斜；头顶在复眼间部分的侧缘明显隆起；复眼卵形；触角丝状，黄褐色，5 ~ 6 毫米。前胸背板马鞍形，表面有横沟，在中部稍收缩，背面较平。前翅狭长，超过后足股节的顶端；后翅膜质透明。前翅有不太明显的细碎黑斑，胸侧在后足前方有一斜向的黄白色粗纹。前足、中足黄褐色，后足股节外侧黄褐色，具 2 个黑色大斑；内侧具 4 个黑斑，上缘黄褐色，其余部分橙红色，后足胫节橙红色。

短角外斑腿蝗成虫

生活习性 短角外斑腿蝗以成虫越冬，在河南 1 年发生 1 代，在各茶区的发生代数不详。在浙江若虫大量出现一般在 7 月。越冬前成虫会大量取食，常造成茶树叶片上出现大量孔洞。

防治措施 一般无须防治。

短角外斑腿蝗若虫为害状

短角外斑腿蝗成虫为害状

71 小贯小绿叶蝉

小贯小绿叶蝉［*Empoasca*（*Matsumurasca*）*onukii* Matsuda］，属半翅目、叶蝉科，是我国茶区分布最广、为害最重的一种茶树害虫。

分布为害 全国均有分布。以成虫、若虫吸取茶树汁液为害，导致芽叶失水、生长迟缓、焦边和焦叶，造成茶叶减产和品质下降。

识　别 小贯小绿叶蝉成虫淡绿色至黄绿色，体长3～4毫米，头前缘有1对绿色圈，复眼灰褐色。前翅绿色半透明，后翅无色透明。卵新月形，初产时乳白色，后渐变为淡绿色。若虫共5龄，体长2.0～2.2毫米。1龄若虫体乳白色，复眼凸出明显，头大，体纤细；2～3龄若虫体淡黄色，体节分明；4～5龄若虫体淡绿色，翅芽明显可见。若虫除翅尚未形成外，体形、体色与成虫相似。

生活习性 小贯小绿叶蝉以成虫越冬，1年发生9～12代。翌年早春转暖时，成虫开始取食、补充营养，陆续孕卵和分批产卵。卵散产于茶树嫩茎皮层与木质部之间。若虫大多栖息在嫩叶背及嫩茎上，善爬行、畏光。茶园各虫态混杂，世代重叠。时晴时雨、留养及杂草丛生的茶园有利于小贯小绿叶蝉的发生。

防治措施 （1）分批、多次采摘。（2）光色诱杀：茶园放置色板和安装杀虫灯，可诱杀成虫。（3）药剂防治：可选用10%联苯菊酯水乳剂2000～3000倍液，或15%茚虫威乳油3000倍液，或240克/升虫螨腈悬浮剂2000倍液等进行防治。

小贯小绿叶蝉成虫

小贯小绿叶蝉若虫

小贯小绿叶蝉为害状

72
茶扁叶蝉

茶扁叶蝉［*Chanohirata theae*（Matsumura）］，属半翅目、叶蝉科，是茶园较常见的一种吸汁害虫。

分布为害 茶扁叶蝉主要分布在河南、安徽、浙江、贵州、江西、台湾等省。以成虫、若虫刺吸茶树嫩梢和叶片为害，大发生时可影响茶树长势。

识　　别 茶扁叶蝉成虫体长3.7～4.6毫米，雄虫个体较雌虫稍小，雌虫泛黄绿色，雄虫色泽偏暗。头部、前胸背板和小盾片黄白色，具大量蠕虫状黑褐色纹；前翅乳白色，具蠕虫纹或小黑点斑。卵扁椭圆形，初产时乳白色，半透明，后渐变为黄色。若虫共有5龄，体长1.0～3.5毫米。1龄若虫黑色，体背面散布白色颗粒状斑点；2龄若虫体背白色斑点逐步变为黄白色，前翅翅芽开始显露；3龄若虫体背黄白色斑点渐密，前翅翅芽伸达后胸背板1/3处；4龄若虫前翅翅芽伸达后胸背板2/3处；5龄若虫黄褐色，后翅翅芽开始显露，前翅翅芽与后翅翅芽齐平或略长于后者。

生活习性 茶扁叶蝉在贵州1年发生2代，以5龄若虫在茶丛中下部叶片上越冬。翌年3月中旬开始羽化，4月中下旬为雌成虫羽化盛期。成虫具较强的趋光性和趋黄性；白天交配，交配1～2天后开始将卵产于叶肉组织中，产卵历期长，可达28天。若虫喜静伏于茶树叶片正面取食和栖息。茶扁叶蝉在树势衰弱的老茶园较易发生。

防治措施 一般不必采取防治措施。如果发生严重，可结合防治茶小绿叶蝉或茶棍蓟马等常发性害虫进行兼治。

茶扁叶蝉成虫

茶扁叶蝉若虫（1龄）

茶扁叶蝉若虫（5龄）

73 长突齿茎叶蝉

长突齿茎叶蝉（*Tambocerus elongatus* Shen），属半翅目、叶蝉科，是一种较常见的茶树叶蝉类害虫。

分布为害 长突齿茎叶蝉分布于湖北、湖南、河南、陕西、广西、海南、福建、四川、安徽、浙江、贵州、重庆等省份。以成虫、若虫吸取茶树汁液为害。

长突齿茎叶蝉成虫

识　别 长突齿茎叶蝉成虫体连翅长5.9～7.0毫米，体黄褐色。头冠前缘弧圆凸出，具缘脊；冠缝明显，两侧具一不甚明显的半月褐斑；单眼缘生，从背部可见，靠近复眼；触角短。前胸背板前缘弧形，后缘横平略凹入，端半略隆起具细微横皱；小盾片三角形，盾间沟明显，微弧形，沿盾间沟基部两侧各有1个白色小条斑；前翅浅褐色透明，密布褐色点斑。末龄若虫体长4.1～5.6毫米，有深浅两个色型，深色型个体各足腿节浅褐色，后足胫节暗褐色；浅色型个体各足多同体色；翅芽顶端可达第5腹节。

长突齿茎叶蝉成虫取食状

生活习性 长突齿茎叶蝉年发生代数目前不详。在浙江杭州一般4月开始出现若虫，5月底至6月初成虫开始羽化，高温来临后成虫数量常迅速下降，10月后成虫少见。在植被丰富和茶树品种持嫩性较好的茶园中发生数量较多。若虫大多栖息在嫩叶背及嫩茎上，善爬行、畏光；取食时常尾部上翘，呈倒立状。成虫羽化后喜聚集在嫩梢上取食，具一定的趋光性，善弹跳逃逸，在傍晚较为活跃。

防治措施 一般无须专门防治。

长突齿茎叶蝉若虫取食状

74 帕辜小叶蝉

帕辜小叶蝉［*Aguriahana paivana*（Distant）］，属半翅目、叶蝉科，是近年来新发现的一种茶树害虫。

分布为害 帕辜小叶蝉分布在贵州、云南和四川。以成虫、若虫聚集于茶树叶片背面刺吸为害，受害叶片正面密布雪花状失绿斑点，严重时可使叶片失绿，影响茶树正常生长。

识　别 帕辜小叶蝉成虫体长 3.3 ～ 3.6 毫米，灰白色，前翅具黑色斑纹。头冠前缘、前胸背板前缘色深常至黑褐色；前翅后半部有复杂的黑色斑纹，端室区域半透明。末龄若虫体长 2.5 ～ 2.7 毫米。体黑色伴生黑色或灰白色的长刚毛，头部、前胸背板前缘、前足、中足及腹部端 1/3 灰白色，腹部末端几节侧缘具竖纹相连形成一U形黑纹。

生活习性 帕辜小叶蝉取食后会分泌黑色黏稠的蜜露，不均匀分布于茶树叶片背面，易招致霉菌发生。帕辜小叶蝉发生于海拔 1500 米以上高海拔区域茶树，其生活习性尚待进一步研究。

防治措施 无须专门防治。

帕辜小叶蝉成虫（左）和若虫（右）

帕辜小叶蝉为害状

75 茶蛾蜡蝉

茶蛾蜡蝉（*Geisha distinctissima* Walker），又称碧蛾蜡蝉、绿蛾蜡蝉，属半翅目、蛾蜡蝉科，是一种茶园常见的蜡蝉类害虫。

分布为害 我国大部分产茶区均有分布。以若虫、成虫刺吸茶树嫩梢和叶片为害，同时成虫在茎干上产卵，影响茶树生长。

识　　别 茶蛾蜡蝉成虫体长6～8毫米。前翅粉绿色，顶角钝，臀角成直角，翅脉、外缘、后缘及前缘的一部分红褐色；后翅灰白色，翅脉淡黄褐色。中胸背板上有4条赤褐色纵纹。卵乳白色，近圆锥形，长1.3毫米，一侧从中部至末端有1个鱼鳍状凸起。若虫体淡绿色，身上覆盖白色蜡质絮状物，腹末有1束蜡质长毛。

生活习性 茶蛾蜡蝉1年发生1代，以卵越冬。在浙江、安徽一带，翌年5月上旬开始孵化，5月中旬盛孵，6月中旬成虫开始羽化，7月下旬至8月中旬成虫大量产卵。卵多产于茶丛中下部的嫩梢皮层内。若虫常群聚吸食茶树枝干汁液，受惊吓时会瞬间弹跳逃离。

防治措施 （1）清园修剪：春季修剪，冬季清园，剪除带有卵块的茶树枝条。(2) 色板诱杀：成虫发生期，可在茶园放置黄色粘虫板，诱杀成虫。（3）药剂防治：一般可结合茶园其他害虫的防治进行兼治。

茶蛾蜡蝉成虫

茶蛾蜡蝉若虫

茶蛾蜡蝉为害状

76 青蛾蜡蝉

青蛾蜡蝉（*Salurnis marginellus* Guerr），属半翅目、蛾蜡蝉科，是一种茶园较常见的蜡蝉类害虫。

分布为害 我国大部分产茶区均有分布。以若虫、成虫刺吸茶树汁液为害。除为害茶树外，还为害油茶树、桑树、柑橘树、苹果树、梨树等多种植物。

识　　别 青蛾蜡蝉成虫体长 5 ～ 6 毫米，黄绿色。前翅臀角较锐，前缘、后缘与外缘熟褐色，后缘离臀角 1/3 处有 1 个熟褐色斑块。卵淡绿色，短香蕉形，一端略大，长约 1.3 毫米。若虫体绿色，胸背有 4 条赤褐色纵纹，腹末有 2 束白色蜡质长毛。

生活习性 青蛾蜡蝉 1 年发生 1 代，以卵在枝条上越冬。若虫常群聚吸食茶树枝干汁液。若虫固定取食后，四周分泌白色蜡质絮状物，但胸背无絮状物覆盖。

防治措施 参照茶蛾蜡蝉。

青蛾蜡蝉成虫

青蛾蜡蝉若虫

青蛾蜡蝉为害状

77 八点广翅蜡蝉

八点广翅蜡蝉［*Ricania speculum*（Walker）］，属半翅目、广翅蜡蝉科，是一种茶园较常见的蜡蝉类害虫。

分布为害 我国大部分产茶区均有分布。以成虫、若虫刺吸茶树汁液为害，同时产卵于当年生枝条内，影响枝条生长，严重时造成产卵部位以上枯死。

识　别 八点广翅蜡蝉成虫体长 6.0 ~ 7.5 毫米，翅展 16 ~ 18 毫米，黑褐色，疏被白色蜡粉。前翅宽大，略呈三角形，翅面被稀薄白色蜡粉，翅上有 6 ~ 7 个白色透明斑；后翅半透明。腹部和足褐色。卵椭圆形，初为乳白色，渐变为淡黄色。若虫体长 5 ~ 6 毫米，暗黄褐色，体疏被白色蜡粉。腹部末端有 4 束白色绵毛状蜡丝，呈扇状伸出，平时腹端上弯，蜡丝覆于体背以保护身体，常可做孔雀开屏状，向上直立或伸向后方。

生活习性 八点广翅蜡蝉 1 年发生 1 代，以卵在枝条内越冬。在浙江于 5 月中旬至 6 月上中旬孵化，7 月中旬至 8 月中旬为成虫盛发期。若虫有群集性，常数头一起排列在枝上，爬行迅速，善于跳跃；成虫产卵于当年生枝条木质部内，产卵孔排成一纵列，孔外带出部分木丝并覆盖有白色绵毛状蜡丝。

防治措施 参照茶蛾蜡蝉。

八点广翅蜡蝉成虫

八点广翅蜡蝉若虫

78 眼斑宽广蜡蝉

眼斑宽广蜡蝉（*Pochazia discreta* Melichar），属半翅目、广翅蜡蝉科、宽广蜡蝉属，是一种较常见的蜡蝉类害虫。

分布为害 眼斑宽广蜡蝉分布于海南、广西、贵州、浙江、广东、福建、江苏等省份。以若虫、成虫刺吸茶树嫩梢和叶片汁液为害。

识　　别 眼斑宽广蜡蝉成虫体形较大，体长 11 ～ 12 毫米，翅展 42 ～ 46 毫米。体黑褐色；头顶、前胸背板、中胸背板褐色至黑褐色，额与唇基褐色。前翅黄褐色至黑褐色；后翅茶黄色，半透明。前翅内横带和外横带色暗隐约可见，具 4 个透明斑，前缘近端部 1/3 处有一近梯形浅黄褐色微透明斑；翅面中部有一黑色环状斑，环状斑内有一黄白色透明不规则小斑；外缘附近具 2 枚黄白色透明斑，臀角处透明斑与外缘相接，顶角处透明斑与外缘不相接。卵长约 1 毫米，圆形，初乳白色。若虫体盾形，腹部末端具有白色夹杂浅棕色的长蜡丝，覆盖于身体上，呈扇形。

生活习性 眼斑宽广蜡蝉 1 年发生 1 代或 2 代，以卵在当年生的嫩枝条上越冬，卵长条状排列于嫩梢的组织内。成虫具有趋光性、趋阴性和群聚性，易受惊跳跃。

防治措施 一般无须防治，可结合茶园其他害虫的防治进行兼治。

眼斑宽广蜡蝉成虫

79 圆纹宽广蜡蝉

圆纹宽广蜡蝉（*Pochazia guttifera* Walker），属半翅目、广翅蜡蝉科、宽广蜡蝉属，是一种较常见的蜡蝉类害虫。

分布为害 圆纹宽广蜡蝉分布于湖南、湖北、贵州、福建、广西等省份。以若虫、成虫刺吸茶树嫩梢和叶片汁液为害。

识　别 圆纹宽广蜡蝉成虫体长8～9毫米，翅展28～31毫米。体栗褐色，中胸背板沥青色。额中脊明显。前胸背板有1条中脊，两边的刻点明显；中胸背板有3条脊，中脊长且直，侧脊由中部向前分叉，外叉略断开，两内叉向中央倾斜，并在前端几乎会合。前翅宽大，近三角形，外缘约等于后缘；前缘近端部1/3处有1个三角形略透明的浅色斑；外缘有2个较大的半透明斑；翅面近中部有1个较小的半透明斑，周围有黑褐色宽边；翅面上散布有黄色、白色蜡粉。后翅无斑纹、茶色，翅脉全为黑色。后足胫节外侧有2个大刺。卵乳白色，长卵形，长约1毫米。若虫虫体被有白色蜡质，头、胸部与成虫相似，翅芽凸出在身体侧面。腹部愈合成一块，尾部蜡质呈羽毛状。

生活习性 圆纹宽广蜡蝉在贵阳1年发生1代，以卵越冬。7月下旬为羽化盛期，8月中旬为产卵盛期。卵多数为多行排列，极少数为单行排列。卵块表面覆盖有绒丝状蜡质。若虫共有5龄，初孵若虫常群集在幼茎或嫩叶的背面，不很活跃，不受惊扰极少迁徙。成虫常伏在嫩茎及叶背上静止不动，能跳跃和飞翔。成虫具有较强的趋光性，在高温无风雨的黑夜特别显著。

防治措施 一般无须防治，结合茶园其他害虫的防治进行兼治。

圆纹宽广蜡蝉成虫

80 柿广翅蜡蝉

柿广翅蜡蝉（*Ricania sublimbata* Jacobi），属半翅目、广翅蜡蝉科，是一种茶园较常见的害虫。

分布为害 我国大部分产茶区均有分布。以若虫、成虫刺吸茶树嫩梢和叶片汁液为害，同时产卵于当年生枝条内，影响茶树生长。除茶树外，还为害柑橘树、李树、女贞树等多种植物。

识　　别 柿广翅蜡蝉成虫体长约 7 毫米，翅展约 22 毫米，体褐色至黑褐色。前翅宽大，前缘近端部 1/3 处有 1 个黄白色三角形斑；后翅褐色半透明。若虫紫褐色，体被白色蜡质，腹末有蜡丝。常可做孔雀开屏状，向上直立或伸向后方。

生活习性 柿广翅蜡蝉以卵在枝梢内越冬，1 年发生 2 代。越冬卵 4 月上旬末期开始孵化，成虫 5 月中旬开始羽化，6 月中旬开始产卵。两代若虫分别发生在 7 月中旬至 9 月中旬、4 月上旬至 6 月中旬。卵多产于茶树红棕色的枝梢组织内。成虫产卵时先用产卵器将茶树红棕色枝梢表皮组织划破，后将卵产于枝梢中。卵条状排列，产卵处的表面覆有白色絮状物。低龄若虫具有群集性，高龄若虫分散为害。

防治措施 柿广翅蜡蝉在茶园中常有发生，目前对茶叶未造成明显影响，一般无须专门防治。如发生严重，可在成虫发生期，在茶园放置黄色粘虫板，诱杀成虫。药剂防治可结合茶园其他害虫的防治进行兼治。

柿广翅蜡蝉成虫

柿广翅蜡蝉若虫

柿广翅蜡蝉成虫为害状

柿广翅蜡蝉若虫为害状

81 可可广翅蜡蝉

可可广翅蜡蝉（*Ricania cacaonis* Chou et Lu），属半翅目、广翅蜡蝉科，是一种茶园较常见的蜡蝉类害虫。

分布为害 可可广翅蜡蝉分布在江苏、浙江、湖南、广东和海南等省。以若虫、成虫刺吸茶树嫩梢和叶片汁液为害。

识　别 可可广翅蜡蝉成虫翅展约16毫米，背面黄褐色至褐色。头、胸、足黄褐色，额角黄色，头顶有5个并排的褐色圆斑，中胸背板色暗。前翅烟褐色，外缘略呈波状；前缘近端部2/5处有1个黄褐色横纹，分成2～3个小室。沿前缘至翅基有10多条黄褐色斜纹，外缘略呈波状，亚外缘线为黄褐色细纹，与外缘平行，顶角处有1个隆起的圆斑，翅面散生黄褐色横纹。若虫淡褐色，较狭长，胸背外露，有4条褐色纵纹，腹部被有白色蜡粉，腹末呈羽状平展。卵近圆锥形，乳白色。

生活习性 可可广翅蜡蝉以卵越冬，1年发生2代。卵多产于茶丛中下部新梢皮层内，卵的一端常做鱼鳍状凸起外露，外被白色絮状分泌物。若虫共5龄，1～2龄有群居习性，3龄后则分散爬至上部嫩梢为害。若虫脱皮后于嫩茎上取食，并分泌白色絮状物覆盖虫体，体被蜡质丝状物，如同孔雀开屏，栖息处还常留下许多白色蜡丝。

防治措施 （1）清园修剪：春季修剪，冬季清园，剪除带有卵块的茶树枝条。（2）色板诱杀：成虫发生期，可在茶园放置黄色粘虫板，诱杀成虫。（3）药剂防治：一般可结合茶园其他害虫的防治进行兼治。

可可广翅蜡蝉成虫

82 钩纹广翅蜡蝉

钩纹广翅蜡蝉（*Ricania simulans* Walker），属半翅目、广翅蜡蝉科，是一种茶园较常见的蜡蝉类害虫。

分布为害 钩纹广翅蜡蝉分布广泛。以成虫、若虫刺吸茶树汁液为害。

识　　别 钩纹广翅蜡蝉成虫体长约 8 毫米，体褐色至深褐色。前胸背板具中脊，中胸背板具 3 条纵脊。前翅有油状光泽，前缘近端部 2/5 处有 1 个三角形透明斑，内横带宽而透明，外横带由 2 个透明短横带组成。外横带前端近顶角处有 1 个黑褐色隆起眼斑。

生活习性 钩纹广翅蜡蝉在湖南 1 年发生 1 代，6—8 月发生较多。习性同可可广翅蜡蝉。

防治措施 参照可可广翅蜡蝉。

钩纹广翅蜡蝉成虫

83 带纹疏广蜡蝉

带纹疏广蜡蝉［*Euricania facialis*（Walker）］，属半翅目、广翅蜡蝉科，是一种茶园偶发的蜡蝉类害虫。

分布为害 我国大部分产茶区均有分布。以若虫、成虫刺吸茶树嫩梢和叶片汁液为害。

识　别 带纹疏广蜡蝉成虫体长约10毫米，体褐色。前翅透明，周缘褐色，前缘褐带最宽且夹有黄褐色三角斑。中横带褐色，较窄，不绕成环。

生活习性 带纹疏广蜡蝉多以卵在嫩梢内越冬，1年发生1代。7—8月成虫盛发。

防治措施 目前对茶叶生产未构成影响，无须专门防治。

带纹疏广蜡蝉成虫

84 眼纹疏广蜡蝉

眼纹疏广蜡蝉［*Euricania ocellus*（Walker）］，属半翅目、广翅蜡蝉科、疏广蜡蝉属，是一种茶园偶发的蜡蝉类害虫。

分布为害 眼纹疏广蜡蝉分布于广西、海南、湖南、浙江、河北、贵州等省份。以若虫、成虫刺吸茶树嫩梢和叶片汁液为害。

识　　别 眼纹疏广蜡蝉成虫体长5～6毫米，翅展16～20毫米，头及前中胸栗褐色，后胸、腹部腹面及足黄褐色。前翅无色透明，翅的四周有栗褐色宽带，其中前缘带较宽，在中部和端部有两处中断，中横带中段围成栗褐色圆环，环状中间有一白色透明斑点。外横线淡褐色，近翅基部有一栗褐色小斑。后翅边缘琥珀色。若虫体色淡蓝色至淡黄绿色，胸部背板上中纵脊天蓝色至绿色，腹末蜡丝呈放射状，可覆盖全体。卵椭圆形，白色至淡蓝色，呈条状双行互生倾斜排列于嫩枝的组织内，上面覆盖着白色丝状物。

生活习性 在湖南1年发生1代，以卵在嫩梢组织内越冬，翌年5月若虫孵化，6—8月成虫发生较多。

防治措施 一般无须防治，结合茶园其他害虫的防治进行兼治。

眼纹疏广蜡蝉成虫

85 黑刺粉虱

黑刺粉虱（*Aleurocanthus spiniferus* Quaintance），属半翅目、粉虱科，是发生范围较广的一种吸汁类害虫。

分布为害 我国各产茶区均有分布。以若虫固定在叶背刺吸茶树汁液为害，同时分泌蜜露，诱发茶煤病，影响茶叶产量和品质。

识　别 黑刺粉虱成虫体橙黄色至橙红色，体背有黑斑。前翅紫褐色，有7个白斑；后翅淡褐色，静止时呈屋脊状。卵香蕉形，有一短柄与叶背相连，初产时乳白色，后渐变为橙黄色至棕黄色，近孵化时紫褐色。若虫扁平，椭圆形，共3龄。初孵若虫淡黄色，后变为黑色，体背有刺状物6对，背部有2条弯曲的白纵线；2龄若虫背部有刺状物10对；3龄若虫体背隆起，有刺状物14对。蛹漆黑色且有光泽，四周有白色水珠状蜡圈，背部刺状物雄虫有29对、雌虫有30对。

黑刺粉虱成虫

黑刺粉虱成虫（放大）

生活习性 黑刺粉虱在长江中下游地区1年发生4代，以老熟若虫在茶树叶背越冬。成虫喜栖息在茶树嫩芽叶上或嫩叶背面，并吸取汁液补充营养。初孵若虫能缓慢爬行，但很快就在卵壳附近固定为害。

防治措施 （1）农业防治：修枝、整枝，保持茶园良好的通风透光性。（2）色板诱杀：在成虫发生期，茶园放置黄色粘虫板，可诱杀成虫。（3）药剂防治：防治时间掌握在第1代卵孵化盛末期，采用侧位喷洒，药液重点喷至茶树中下部叶片和叶背，药剂可选用99%矿物油150～200倍液，或25%吡虫啉可湿性粉剂1500倍液。

黑刺粉虱卵及1龄若虫

黑刺粉虱蛹

黑刺粉虱为害状

86 山香圆平背粉虱

山香圆平背粉虱（*Crenidorsum turpiniae* Takahashi），属半翅目、粉虱科，是一种茶园偶发的粉虱类害虫。

分布为害 山香圆平背粉虱主要分布在安徽、湖北、广西、贵州和台湾等省份。以若虫固定在茶树叶片背面吸取茶树汁液为害，并诱发茶煤病，影响茶叶产量和品质。

识　别 山香圆平背粉虱成虫体长1.0～1.3毫米，虫体淡黄色，复眼暗红色，体及前翅表面有白色蜡粉，前翅有3个浅褐斑。卵为香蕉形，具短柄与叶背相连，卵壳表面光滑，初产乳白色，后逐渐加深，近孵化时黄棕色。较黑刺粉虱卵小。若虫长椭圆形，淡黄色，头部有1对红色眼点。若虫共4龄，4龄若虫称为伪蛹。蛹壳白色偏黄色半透明，椭圆形，体缘周围有带状的蜡质分泌物，体缘锯齿状，约有26个小齿。

生活习性 山香圆平背粉虱成虫喜栖息在茶树嫩芽叶上或嫩叶背面。在茶丛各层均可产卵。

防治措施 一般无须专门防治，如发生较严重，防治措施参照黑刺粉虱。

山香圆平背粉虱成虫

山香圆平背粉虱成虫（放大）

山香圆平背粉虱若虫

山香圆平背粉虱为害状

87 流苏子瘤粉虱

流苏子瘤粉虱（*Aleuroclava thysanospermi* Takahashi），属半翅目、粉虱科，是一种茶园较常见的粉虱类害虫。

分布为害 流苏子瘤粉虱主要分布在浙江、福建、江西、湖北、海南和台湾等省。以若虫固定在茶树叶片背面吸取汁液为害，在茶园零星发生。

识　别 流苏子瘤粉虱成虫体淡黄色，复眼红色，体表和翅面覆1层薄且稀的白色蜡粉。卵椭圆形，中部略弯曲，具短柄，与叶背相连，卵壳表面光滑，初产乳白色半透明，后逐渐变深，近孵化时浅棕黄色。若虫近椭圆形，淡黄色，头部有1对红色眼点。蛹淡黄色，眼点红色，腹部有2个橙色斑，皿状孔部位红色，蛹长约0.6毫米，无明显蜡质分泌物。

生活习性 流苏子瘤粉虱常与黑刺粉虱混合发生。成虫常聚集在嫩叶背面取食，在嫩叶、成叶、老叶上均可产卵，以成叶上为多，散产。

防治措施 一般发生为害较少，不必专门防治。

流苏子瘤粉虱成虫

流苏子瘤粉虱卵和蛹

流苏子瘤粉虱蛹和蛹壳

88 番石榴白棒粉虱

番石榴白棒粉虱（*Aleuroclava psidii* Singh），属半翅目、粉虱科，是一种茶园偶发的粉虱类害虫。

分布为害 番石榴白棒粉虱主要分布在上海、江苏、浙江、福建、江西、湖北、广东、广西、海南、香港、台湾等地。以若虫固定在茶树叶片背面刺吸为害。

识　　别 番石榴白棒粉虱的蛹壳为白色，在背部中央有1条纵向褐色带，但有时不连续；近椭圆形，前端钝圆，胸腹连接处最宽，尾端变窄，无蜡质分泌物。体缘细锯齿状。头胸区有4对瘤状凸起，形成了一锚形图案。腹部分节明显，稍隆起，各腹节中央有1个瘤突。

生活习性 番石榴白棒粉虱全年发生，一般在4—5月和10—11月发生较多。

防治措施 发生为害较少，无须专门防治。

番石榴白棒粉虱若虫

番石榴白棒粉虱蛹壳

89 茶网蝽

茶网蝽（*Stephanitis chinensis* Drake），又称茶脊冠网蝽，属半翅目、网蝽科，是我国西南茶区的一种重要害虫，为害茶树和油茶树。

分布为害 茶网蝽主要分布在四川、重庆、贵州、云南、陕西等省份，近年来在陕西、四川部分茶园发生严重。以成虫、若虫群集于茶树叶背吸取汁液为害，受害叶片正面出现许多白色细小斑点，远看一片灰白，叶背有大量黑色胶质排泄物。被害茶树树势衰退，茶芽萌发率低，芽叶细小。

识　　别 茶网蝽成虫体长 3 ~ 4 毫米，暗褐色。前胸发达，具网状纹，背板向前凸出并盖住头部。翅膜质透明，超过体长约 1 倍，翅面有褐色网状纹，翅中间有 2 条褐色斜斑纹。卵长椭圆形，乳白色，一端稍弯。初孵若虫乳白色半透明，后渐变为暗绿色。老熟若虫黑褐色，体长约 2 毫米，腹部两侧及背中部有刺状凸起。

茶网蝽成虫

茶网蝽成虫（放大）

生活习性 茶网蝽在四川、贵州1年发生2代，以卵在叶片组织内越冬，偶有以成虫越冬。在四川，越冬卵于翌年4月下旬开始孵化，第1代若虫盛期在5月中旬，成虫发生盛期在5月中下旬；第2代若虫发生盛期在9月中旬，成虫发生盛期在9月下旬至10月上旬。贵州各代发生期常较四川早10～20天。全年以第1代若虫发生整齐，虫口数量大，为害也较重。成虫怕光，飞翔力弱，多在茶丛上部成叶背面为害。成虫有多次交尾、分批产卵的习性。卵散产，多产于茶丛中下部成叶背面叶肉组织内。若虫孵化后，群集于叶背刺吸汁液进行为害。

防治措施 （1）若虫群集性强、抗药力弱、第1代发生整齐，因此应重点抓住第1代若虫发生期进行喷药防治，可选用联苯菊酯、高效氯氰菊酯等菊酯类农药2000～4000倍液。（2）为害严重的茶园，可进行疏枝，恶化其产卵和栖居条件；或在早春进行修剪，消灭越冬卵。

茶网蝽卵

茶网蝽若虫

茶网蝽为害状（正面）

茶网蝽为害状（整株）

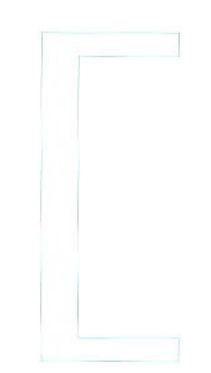

90 绿盲蝽

绿盲蝽（*Lygus lucorum* Meyer-Dür），又称花叶虫、小臭虫等，属半翅目、盲蝽科，是一种为害春茶的蝽类害虫。

分布为害 我国各产茶区均有分布，在江苏、山东等部分茶园为害较重。以成虫、若虫刺吸茶树幼嫩芽叶为害。为害后幼芽呈现许多红点，后变为褐色枯死斑点。芽叶伸展后，叶面呈现不规则的孔洞，叶片卷缩畸形，叶缘残缺破裂。

识　别 绿盲蝽成虫体长约5毫米，绿色，密被短毛。头部三角形，黄绿色，复眼黑色凸出；触角丝状，较短。前胸背板深绿色。前翅膜片半透明，暗灰色，余为绿色。卵黄绿色，长口袋形。若虫5龄，与成虫相似。初孵时绿色，2龄黄褐色，3龄出现翅芽，5龄后体鲜绿色、密被黑细毛。

绿盲蝽成虫（正面）

绿盲蝽成虫（侧面）

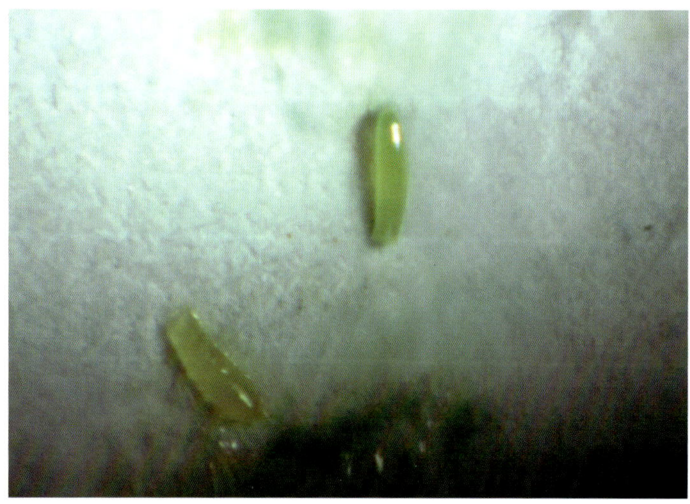

绿盲蝽卵

生活习性 绿盲蝽以卵在茶树枝条或杂草上越冬，1 年发生 5 ～ 8 代。成虫、若虫趋嫩性强，生活隐蔽，爬行敏捷。晴天白天多隐匿于茶丛内，早晨、夜晚和阴雨天爬至芽叶上活动为害，刺吸芽内的汁液。

防治措施 （1）清园除草：早春结合施肥，清除杂草，减少越冬卵。（2）药剂防治：应掌握在越冬卵孵化高峰期进行防治，药剂可选用 240 克 / 升虫螨腈悬浮剂 2000 倍液，或 25% 吡虫啉可湿性粉剂 2000 倍液等。

绿盲蝽若虫（正面）

绿盲蝽若虫（侧面）

绿盲蝽为害状（前期）

绿盲蝽为害状（后期）

91 茶角盲蝽

茶角盲蝽（*Helopeltis theivora* Waterhouse），又名腰果角盲蝽，属半翅目、盲蝽科，是南方茶区重要的一种茶树害虫。

分布为害 茶角盲蝽主要分布在广东、广西、海南、台湾、云南等省份。以成虫、若虫刺吸茶树幼嫩的茎、芽、叶的汁液为害，受害处形成褐斑，常导致嫩梢枯死，严重影响茶叶产量和质量。

识　别 茶角盲蝽成虫体长4.5～7.5毫米，体黄褐色至褐色，雄虫个体较雌虫明显更小。头小，后缘黑褐色，复眼球状向两侧凸出，黑褐色；触角4节，丝状，约为虫体的2倍长；前胸背板后部暗褐色或淡色；中胸小盾片上有一灰褐色、直立、末端较膨大的杆状凸起；前翅革质部分透明，膜质部分灰黑色；足细长，黄褐色至褐色，其上散生许多黑色小斑点；腹部浅绿色至绿色。卵长约1.5毫米，香蕉形，略弯曲，顶端着生两条平行不等长的白色刚毛，毛端稍弯；初产时白色，后渐转为淡黄色，临孵化时呈橘红色。若虫5龄，形态与成虫相似，初孵时橘红色，小盾片上无凸起；3龄出现翅芽，体色由橘红色逐渐转为浅绿色；4龄体绿色，小盾片凸起；5龄翅芽约占体长的1/2。

生活习性 茶角盲蝽在海南1年发生11～12代，无明显越冬现象。卵多散产于嫩梢组织内，少数产于嫩叶叶柄或主脉组织内。若虫和成虫多在傍晚和清晨取食茶树蓬面嫩叶、幼茎，白天躲在茶丛内或叶背，1头成虫或若虫一昼夜取食可导致144～268个褐斑。高温干旱季节发生少，较荫蔽的茶园和有遮光的茶园发生较重，全年以8—11月为害最重。

茶角盲蝽成虫

防治措施 （1）及时分批勤采，必要时适当强采或机采。（2）药剂防治：可选用 400 亿孢子 / 克球孢白僵菌可湿性粉剂 1500 ～ 1800 倍液，或 24% 溴虫腈悬浮剂 1500 ～ 1800 倍液，或 15% 茚虫威乳油 2500 ～ 3500 倍液，或 10% 联苯菊酯乳油 3000 ～ 5000 倍液等进行防治。

茶角盲蝽若虫

茶角盲蝽为害状（初期）

茶角盲蝽为害状（后期）

92 斑缘巨蝽

斑缘巨蝽（*Eusthenes femoralis* Zia），又名花边蝽，属半翅目、荔蝽科，是茶树上一种偶发的吸汁害虫。

分布为害 斑缘巨蝽主要分布在福建、广东、广西、贵州、云南、浙江、台湾和江西等地。以成虫、若虫刺吸茶叶嫩梢为害，致使嫩梢失水萎凋。

识　　别 斑缘巨蝽为大型蝽，体形较大。成虫体长 28 ～ 31 毫米，体宽 15.5 ～ 19.5 毫米。体彩色且鲜艳，变异很大。背面紫褐色或棕红色，亦有染杂绿色或全绿色；触角黑褐色，基部和第 4 节端部棕赭色。小盾片端部呈或深或淡的棕黄色。侧接缘花纹清楚，每节黄绿色相间，侧接缘各节基部黄色斑纹占全节的 1/3 以上。腹面、足棕黄色或赭黄色，仅膝部和爪端黑色。腹部中央具栗色狭直条纹，各节两侧有斜倾栗色细纹 2 行，位于气门左右侧，有时不甚显著甚至消失。雄虫后腿节端刺指向端方，其尖端超过腿节端缘，与腿节组成之角不大于 45°。

生活习性 斑缘巨蝽年发生代数不详，以成虫越冬。在长江中下游地区成虫主要出现在 9—10 月。

防治措施 在茶园发生数量较少，偶有看到，一般不必采取防治措施。

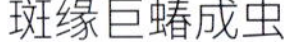
斑缘巨蝽成虫

斑缘巨蝽为害状

93 黄胫侎缘蝽

黄胫侎缘蝽(*Mictis serina* Dallas),属半翅目、缘蝽科、侎缘蝽属,是一种茶园偶发的蝽类害虫。

分布为害 黄胫侎缘蝽主要分布在浙江、福建、江西、湖南、广东、广西、四川等省份。以若虫、成虫刺吸茶树嫩茎和嫩叶为害。成虫主要为害嫩梢,将口针刺入嫩茎吸取汁液,导致嫩梢枯焦。

识　　别 黄胫侎缘蝽成虫体长 22 ~ 30 毫米,体宽 9 ~ 12 毫米,体黑褐色至棕色;触角 4 节,褐色,末节黄褐色或橙色。前胸背板中央有 1 条纵向黑褐色细刻纹,侧角稍向外扩展,并微上翘。小盾片三角形,两侧角处有小凹陷,末端有 1 块淡黄色长形小斑。前翅膜质深褐色,长及腹末。足细长,各足腿节呈棒状,黑褐色,后足腿节长于胫节,末端内侧有 1 个三角形刺突,各足胫节污黄色。雌、雄成虫差异较大,雌成虫后半部略膨大,腹部的腹面较平坦,后足腿节正常;雄成虫后半部不膨大,腹部的腹面纵向较隆起,第 2 ~ 3 节腹板相交处有 1 个斧状凸起,后足腿节粗大,基部较弯曲,胫节端部有 1 个大刺。卵椭圆形,长约 3.5 毫米,褐色,被有一层灰色粉状物。若虫共 5 龄,1 龄若虫体长 4.5 ~ 5.0 毫米,长椭圆形,淡黄褐色,触角比体长,基部 3 节有毛,第 4 节端部色淡;2 龄若虫体长 7 毫米,腹部宽圆,呈球形;3 龄若虫出现翅芽;4 龄若虫翅芽达第 1 腹节;5 龄若虫翅芽伸达第 3 腹节。

黄胫侎缘蝽成虫(雌)

黄胫侎缘蝽成虫(雄)

生活习性 黄胫侎缘蝽在长江中下游1年发生2代，以成虫在枯枝落叶下越冬，翌年4月下旬开始交尾、产卵。第1、2代若虫分别发生在5—7月、7—9月。第2代成虫于8—9月羽化。

防治措施 在茶园发生数量较少，偶有看到，一般不必采取防治措施。

黄胫侎缘蝽卵

黄胫侎缘蝽若虫

黄胫侎缘蝽雌成虫吸食嫩梢

黄胫侎缘蝽为害状

94 长肩棘缘蝽

长肩棘缘蝽（*Cletus trigonus* Thunberg），属半翅目、缘蝽科、棘缘蝽属，是一种刺吸茶树的蝽类害虫。

分布为害 长肩棘缘蝽主要分布在江苏、浙江、福建、江西、广东、广西、海南、四川、云南等省份。以若虫、成虫刺吸茶树叶片汁液为害，为害严重时可致芽梢枯焦，成叶脱落。

识　别 长肩棘缘蝽成虫体长 7.4 ～ 9.0 毫米，体宽 4 ～ 5 毫米。触角第 1 ～ 3 节深褐色，等长；第 4 节黑褐色，末端红褐色。前胸革片内角翅室的白斑清晰。小盾片刻点粗，前足、中足基节各有 2 个小黑点，后足基节有 1 个小黑点，体下色浅，腹部有 4 个黑点，中间 2 个黑点小或不明显。卵椭圆形，初乳白色，后渐变为黄色，半透明。末龄若虫黄褐色，腹部背面有小黑纹，前胸背板侧角向后偏外延伸成针状，翅芽达第 3 腹节后缘。

生活习性 长肩棘缘蝽在长江流域 1 年发生 2 ～ 3 代，以成虫在枯枝落叶或枯草丛中越冬，翌年 3—4 月开始产卵。在浙江 3—4 月发生较多，之后少有发生。

防治措施 在茶园发生数量较少，一般不必采取防治措施。

长肩棘缘蝽成虫

长肩棘缘蝽成虫交尾

长肩棘缘蝽为害状

95 茶叶瘿蚊

茶叶瘿蚊（学名待定），属双翅目、瘿蚊科，是一种茶树芽叶害虫。

分布为害 目前已知茶叶瘿蚊分布在浙江杭州、绍兴等地。以幼虫在尚未展开的茶树芽叶内吸汁为害，影响芽叶生长和茶叶产量。

识　　别 茶叶瘿蚊成虫翅展约3.3毫米，1对复眼为黑色且相连。触角念珠状，黑褐色，各节环生细毛。体暗绿色，中胸背略黑褐色。腹部可见6节，各节背面有1条黑褐色宽横带。翅透明，着生黑褐色毛。足细长，皆以跗节最长。卵细小，长椭圆形，半透明。幼虫蛆状，乳白色，老熟时体长约1.9毫米，末端有1对粗短凸起。裸蛹，向后渐细，触角弯向后方。茧长形，灰色至灰褐色。

生活习性 茶叶瘿蚊1年发生代数不详，但至少2代。卵产于芽或芽旁嫩叶上，幼虫孵化后即侵入芽缝，在芽内叶面吸汁为害。受害芽叶正面生长停滞，叶背继续生长，致叶面两侧向内紧卷呈条束状，芽梢生长停滞，严重时至芽叶枯焦，并从芽柄部脱落。一芽中常有1条至多条幼虫，当芽枯竭时则转至另一芽为害。幼虫老熟后爬出弹落坠地，潜入土中或落叶间。遇不良环境，入土越夏、越冬，待适宜时才结茧化蛹。全年以春末夏初发生最重。一般留养、遮光和山地茶园发生较多。

防治措施 及时采摘可有效控制茶叶瘿蚊的为害，也可结合茶园其他害虫的防治进行兼治。

茶叶瘿蚊为害状

茶叶瘿蚊幼虫

96 茶芽瘿蚊

茶芽瘿蚊（*Contarinia* sp.），属双翅目、瘿蚊科，是一种茶树上重要的芽叶害虫。

分布为害 茶芽瘿蚊分布于广东、海南、广西等地。以幼虫侵入茶树幼芽取食形成虫瘿为害，受害茶芽不能伸展，造成无茶可采。

识　别 茶芽瘿蚊雌成虫体长2.5～3.0毫米，翅展4.0～4.8毫米，体黄褐色，周身被细毛；雄成虫体略瘦小，体长约2.2毫米，黑色。头小，复眼大，几乎占头的4/5，黑色；下颚须4节；触角黑色，14节。前胸窄小，成一颈状，中胸、后胸黑色。前翅匙羹状，基部狭窄，黄褐色，雌虫翅面有5～6个不规则的灰黑色斑纹；雄虫翅上无斑纹，翅色较深；翅上密被细绒毛，翅脉4条，后翅为平衡棒。足3对，细长，上生许多细绒毛，跗节5节，第1节短，第2节最长。腹部各节末端有一深色的绒毛带，雌虫腹末有一能伸缩的产卵管，产卵管长、末端尖细，雄虫腹末有一爪状抱器。卵长约0.12毫米，细小，长椭圆形，初期透明。幼虫蛆状，13节，乳白色，头前有粗短触角；第1胸节有一Y形胸骨片，橙红色，骨片前端分叉，凹入很深；腹末有4个圆凸起。蛹长2.0～2.5毫米，淡黄色至黄褐色，第1胸节背面有1对呼吸管；蛹外有椭圆形茧，淡黄色至黄褐色。

生活习性 茶芽瘿蚊在广东1年发生3代，以幼虫越冬。各代成虫盛发期分别为4月下旬至5月上旬、7月中旬、9月下旬，各代瘿苞发生盛期分别为5月下旬至6月中旬、7月下旬至8月中旬、10月上旬至10月中旬。成虫飞翔扩散能力不强，夜间活动，有趋光性，产卵于刚萌动的茶芽，每雌产卵量60～80粒。孵化后幼虫侵害嫩芽，使芽结成虫瘿。幼虫终生在芽苞内为害，老熟后落土化蛹。在阴凉、高湿、日照少的山地茶园发生较多。

防治措施 （1）人工摘除瘿苞。（2）药剂防治：在幼虫出苞高峰期或成虫羽化高峰期在地表喷施菊酯类农药，可有效控制茶芽瘿蚊的为害。

茶芽瘿蚊幼虫（腹面）

茶芽瘿蚊为害状（茶芽成花蕾状瘿苞）

97 茶枝瘿蚊

茶枝瘿蚊（*Asphondylia* sp.），俗称“烂杆虫”、茶蚊，属双翅目、瘿蚊科，是南方茶区发生较重的一种茶树枝干害虫。

分布为害 茶枝瘿蚊主要分布于云南、贵州、广东和海南等省。以幼虫在茶树枝干的皮层和木质部之间取食为害，受害处树皮肿胀开裂，逐步加重形成虫瘿。为害严重时树皮干枯脱落，枝干枯死。

识　　别 茶枝瘿蚊雌成虫体长2.3～2.5毫米，雄成虫体长1.6～2.5毫米，体纤细，暗红色。头小，复眼黑色，接眼式，无单眼。触角雌虫14节，柄节、梗节短小，鞭节较长且环生刚毛，雌虫鞭节圆柱形，雄虫鞭节哑铃形。前翅透明，翅脉简单，仅具2条纵纹，翅面密生黑色绒毛，周缘有5个黄色小斑。卵长椭圆形，白色透明。幼虫蛆状，初孵时乳白色，半透明，体长约0.3毫米；渐变为红色，老熟幼虫深红色，体长2～3毫米，前胸腹面Y形胸骨片明显。蛹长椭圆形，长2.0～2.3毫米，头、胸部棕色，腹部红色，头顶具额刺1对。

茶枝瘿蚊成虫

生活习性 茶枝瘿蚊在贵州1年发生1代，以老熟幼虫在表土或虫瘿中越冬。翌年3月中下旬至4月下旬化蛹，3月下旬至4月下旬羽化产卵。成虫多于傍晚起飞活动，卵产于旧虫斑或其他伤口的新生组织处，散产，有时几粒甚至几十粒不规则堆产，单雌产卵量平均23.5粒。4月中下旬卵开始孵化，孵化后即在虫瘿内生活，直至11月以老熟幼虫越冬。成虫发生高峰出现在4月中下旬，气温较高和湿度偏低时成虫活动旺盛。

防治措施 （1）修剪：及时剪除受害枝干并清除出茶园。（2）药剂防治：可在成虫高峰期对地表喷施农药，选用药剂参照茶小绿叶蝉。

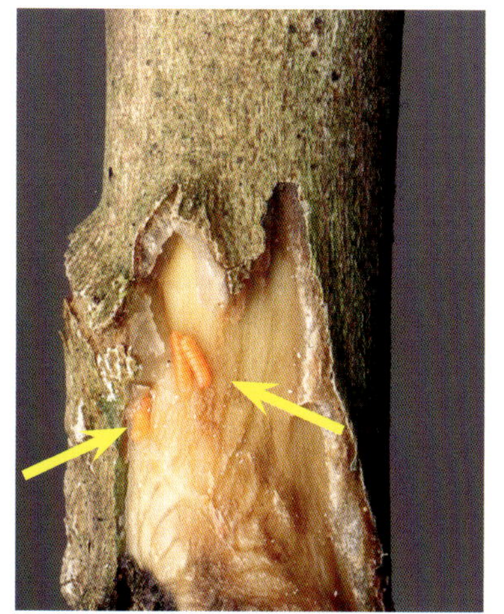

茶枝瘿蚊幼虫

茶枝瘿蚊蛹

茶枝瘿蚊为害状

98 龟蜡蚧

龟蜡蚧（*Ceroplastes floridensis* Comstock），又称日本蜡蚧，属半翅目、蜡蚧科，是一种茶园常见的蚧类害虫。

分布为害 我国各产茶区均有分布。以若虫、雌成虫刺吸茶树汁液为害，其排泄物还可诱发茶煤病，影响茶树生长和茶叶产量。

识　　别 龟蜡蚧雌成虫椭圆形，背覆蜡壳，蜡壳白色或灰白色，有时稍带黄色，隆起似半球形，表面有龟甲状凹纹，边缘蜡层厚且弯卷成8块；雄成虫体长1.0～1.3毫米，翅展1.8～2.3毫米，体棕褐色，眼黑色，触角线形。卵椭圆形，初为淡橙黄色，后变为紫红色。若虫椭圆形，扁平，淡红褐色，触角和足发达；雄虫蜡壳白色且较小，长椭圆形，四周有13个蜡角，似星芒状。

龟蜡蚧（雌）

龟蜡蚧（雄）

生活习性 龟蜡蚧以受精雌虫在枝条上越冬，1年发生1代。雌虫成熟后产卵于腹下，每雌产卵数百粒，产后虫体干瘪死在蜡壳内。一般5—6月为产卵盛期，卵期10 ~ 24天。若虫孵化后仍留于母壳内，经数天才从壳中爬出。若虫多数在嫩枝、叶柄、叶面上为害，并分泌蜡质，逐渐形成蜡壳。到8月，雌若虫陆续转移到枝干上为害，但雄若虫仍留在叶面为害，直至化蛹、羽化。

防治措施 （1）人工除虫：可人工剪除有虫枝或刷除虫体。（2）药剂防治：在初孵若虫盛发期喷药防治，药剂可选用99%矿物油100 ~ 150倍液，或10%联苯菊酯水乳剂1500倍液。

龟蜡蚧为害状（叶片上为雄虫）

龟蜡蚧为害状（枝干上为雌虫）

99 角蜡蚧

角蜡蚧（*Ceroplastes ceriferus* Anderson），又称白蜡蚧，属半翅目、蜡蚧科，是一种茶园常见的蚧类害虫。

分布为害 我国各产茶区均有分布。以若虫、雌成虫刺吸茶树汁液为害，其排泄物还可诱发茶煤病，影响茶树生长和茶叶产量。

识　别 角蜡蚧雌成虫椭圆形，橙红色，腹面平，背隆起；蜡壳半球形，灰白色稍带粉红色，背面中央有1个、四周有8个小角状凸起，但日久角状凸起常消失，蜡壳转淡黄色。雄成虫赤褐色，有1对半透明翅和3对胸足。卵椭圆形，肉红色，两端色较深，略带紫色。初孵若虫长椭圆形，橙红色，背隆起，蜡壳放射形；2龄若虫肉红色，体背开始出现角状凸起；3龄雌若虫体色同2龄，体背角状凸起向前倾。雄若虫蜡壳长椭圆形，较扁平，四周有15个角状蜡突。

生活习性 角蜡蚧以若虫或受精雌虫在介壳中越冬，1年发生1代。雄虫多在叶面主脉两侧，雌虫多在茶树中上部枝干上。雌成虫经交配后，陆续孕卵，卵产于虫体腹面。

防治措施 参照龟蜡蚧。

角蜡蚧低龄若虫

角蜡蚧（雄）

角蜡蚧（雌）

角蜡蚧为害状

100 红蜡蚧

红蜡蚧（*Ceroplastes rubens* Maskell），又称红蜡虫、胭脂虫，属半翅目、蜡蚧科，是一种茶园常见的介壳虫。

分布为害 红蜡蚧主要发生在我国南方各产茶区。以若虫、雌成虫刺吸茶树汁液为害，其排泄物可诱发茶煤病，影响茶树生长和茶叶产量。

识　别 红蜡蚧雌成虫紫红色，椭圆形，背部稍隆起。蜡壳红褐色至紫褐色。雄成虫暗红色，触角淡黄色细长；翅1对，白色半透明。卵椭圆形，两端稍细，浅红色。初孵若虫体扁平，椭圆形，分泌红褐色蜡质；2龄若虫稍凸起，紫红色，周缘有细毛；3龄雌若虫长椭圆形，蜡壳加厚，呈玫瑰红色；老熟雌若虫蜡壳背面中央隆起呈半球形，顶部凹陷似脐状，两侧共有4条弯曲的白色蜡带。雄若虫蜡壳长椭圆形，周围有8个角状蜡突。

生活习性 红蜡蚧以受精雌成虫在枝干上越冬，1年发生1代。雌成虫产卵于体下，产卵期约1个月，雌成虫产卵后在蜡壳下干瘪死亡。初孵若虫善于爬行，固定2～3天后开始分泌蜡质，虫体不断增大，蜡壳也随之加厚、增大。若虫固定后可不断分泌排泄物，常诱发茶煤病。

防治措施 （1）人工除虫：人工剪除虫枝或用竹刀刮除虫体。（2）药剂防治：防治适期为卵孵化盛末期，药剂可选用25%吡虫啉可湿性粉剂1500倍液，或10%联苯菊酯水乳剂2000倍液，或99%矿物油100～150倍液等。

红蜡蚧蜡壳

红蜡蚧为害状

101 垫囊绿绵蜡蚧

垫囊绿绵蜡蚧（*Chloropulvinaria psidii* Maskell），属半翅目、蜡蚧科，是茶园偶尔发生为害的一种蚧类害虫。

分布为害 目前已知在浙江、湖北和湖南3省茶园发生为害。以若虫密布在茶树中下部的叶片上吸汁为害为主，造成翌年大量落叶，并诱发茶煤病，影响茶树树势和茶叶产量。

识　别 垫囊绿绵蜡蚧雌成虫椭圆形或卵形，背部稍隆起。蜡壳淡黄色。产卵前虫体收缩成近圆形，身体下方产生白色蜡质疏松的垫状卵囊，卵囊高6～9毫米，有多条纵沟。卵椭圆形，乳白色至浅红色或浅黄色。初孵若虫椭圆形，扁平，肉黄色至浅红色，背中央稍凸；体缘薄，中央有1块长方形乳白斑。

生活习性 垫囊绿绵蜡蚧以老熟若虫在叶背越冬，1年发生1代。雌若虫4月下旬开始逐渐变为成虫，并向新梢叶背转移。6月分泌蜡质在腹下形成垫囊，产卵于垫囊中。同一卵囊内的卵粒孵化先后不一，7月为若虫孵化期。若虫孵化后在卵囊内先停留约1天，再分散于卵囊所在的叶片和邻近的叶片上。初孵若虫可随时爬动更换取食地方，长大后固定在叶背为害，体背逐渐分泌1层极薄而透明的蜡质物。

防治措施 一般可结合茶园其他害虫防治进行兼治。

垫囊绿绵蜡蚧若虫

垫囊绿绵蜡蚧雌虫卵囊

垫囊绿绵蜡蚧为害状

102 长白蚧

长白蚧（*Lopholeucaspis japonica* Cockerell）又称长白介壳虫、梨长白介壳虫、茶虱子等，属半翅目、盾蚧科，是茶园常见的蚧类害虫，曾是茶园主要害虫之一。

分布为害 我国各产茶区均有分布。以若虫、雌成虫刺吸茶树汁液为害，受害茶树发芽减少，对夹叶增多。连续被害数年则枝干枯死。

识　别 长白蚧雌成虫和介壳均为纺锤形，介壳暗棕色，其上覆有灰白色蜡质，介壳直或略弯，壳点1个，凸出在前端。雄成虫体细长，淡紫色，触角丝状，有白色半透明前翅1对，后翅退化；介壳长形，白色。卵一般呈椭圆形，也有不规则形，淡紫色。若虫共2龄（雄）至3龄（雌）。1龄若虫椭圆形，淡紫色，体背覆有白色蜡质；2龄若虫淡紫色、淡黄色或橙黄色，被白色蜡质，介壳前端附1个浅褐色的1龄若虫蜕皮壳；3龄（雌）若虫淡黄色，梨形。蛹（雄）细长，淡紫色至紫色，触角、翅芽、足明显。

长白蚧介壳（雌）

长白蚧介壳（雄）

长白蚧卵和初孵幼虫

生活习性 长白蚧以老熟若虫（雌）及预蛹（雄）在茶树枝干上越冬，1年发生3代。雄成虫飞翔能力弱，仅能在茶树枝干上爬行，交配后即死亡；雌成虫交配后陆续孕卵，卵产于介壳内、虫体末端，产卵结束后，雌成虫也随之干瘪死亡。初孵若虫活泼善爬，经2～5小时，即在茶树枝叶上选择适合部位固定，并逐渐分泌白色蜡质，覆于体背。一般枝干上虫数最多，雄性若虫大多分布在叶片边缘锯齿间。

防治措施 （1）修剪台刈：受害重、茶树树势衰败的茶园，可采取深修剪或台刈措施恢复茶树树势。（2）药剂防治：防治适期掌握在第1代长白蚧卵孵化盛末期，药剂可选用25%吡虫啉可湿性粉剂1500倍液，或10%联苯菊酯水乳剂2000倍液，或99%矿物油100～150倍液等。

长白蚧为害状

103 茶梨蚧

茶梨蚧（*Pinnaspis theae* Maskell），属半翅目、盾蚧科，是一种较常见的蚧类害虫。

分布为害 茶梨蚧主要分布在我国南方产茶区。以若虫、雌成虫刺吸茶树叶片汁液为害，影响茶树树势和茶叶产量。

识　别 茶梨蚧雌成虫长梨形，浅黄色或黄色；介壳近梨形，黄棕色至黄褐色，前端有2个壳点。雄成虫体褐色，翅白色，触角丝状。雄若虫介壳白色，长方形，两侧平行，背面有2条纵沟。卵椭圆形，浅黄色至黄褐色，卵壳白色。初孵若虫浅黄色至黄色。蛹长椭圆形，棕色。

生活习性 茶梨蚧以受精雌成虫在枝干或叶片主脉两侧越冬，1年发生3代。雄成虫交配后即死亡；雌成虫受精后，把卵产在介壳里。初孵若虫从介壳爬出，在枝干或叶片上爬行，经2～5小时，选择适当部位，把口器插入叶片或枝干组织中刺吸汁液，并开始分泌蜡质覆在体背。雌若虫共3龄，3龄后变为雌成虫；雄若虫共2龄，2龄后变为预蛹。茶梨蚧一般分布在茶树中下部的成叶正面。

防治措施 一般可结合茶园其他害虫防治进行兼治。

茶梨蚧介壳

茶梨蚧为害状

茶梨蚧严重为害状

104 白囊蚧

白囊蚧［*Phenacaspis kentiae*（Kuwana）］，又称茶白点蚧，属半翅目、盾蚧科，是一种在局部茶区零星发生的介壳虫。

分布为害 我国多数产茶区均有分布。以若虫、雌成虫吸取茶树叶片汁液为害。

识　　别 白囊蚧雌虫介壳白色，略凸起，形状不规则；前端狭小，中后部宽圆，具银色光泽；前端有2个橙黄色壳点。雌成虫橙黄色，体细长，前端狭，从前胸开始直到腹部第2、3节都变宽，不分节。雄虫介壳白色，较小，长筒形，两边平行，前端有1个淡黄色壳点。卵长椭圆形，淡橙黄色。初孵若虫长椭圆形，淡橙黄色。

生活习性 白囊蚧以受精雌成虫在叶片上越冬，1年发生1代。翌年5月中旬开始产卵，产卵期较长，6月下旬出现若虫，大多数分布在叶背且吸汁为害。

防治措施 白囊蚧在局部茶区零星发生，一般无须专门防治。如发生严重，防治措施参照长白蚧。

白囊蚧（雌）

白囊蚧若虫（黄色为初孵若虫）

白囊蚧为害状

105 椰圆蚧

椰圆蚧［*Aspidiotus destructor*（Signoret）］，又称茶圆蚧、透明蚧、木瓜介壳虫等，属半翅目、盾蚧科，是一种茶园常见的介壳虫。

分布为害 我国各产茶区均有分布。以若虫、雌成虫在成叶或老叶背面刺吸茶树汁液为害，为害叶片正面产生黄绿色斑点，严重时造成落叶。

识　　别 椰圆蚧雌虫介壳圆形，略扁平，质地薄而透明，微带淡褐色，蜕皮壳淡黄色，位于介壳中央；雄虫介壳椭圆形，色泽和质地与雌虫介壳相同，可透见壳内的虫体。雌成虫倒梨形，鲜黄色；雄成虫橙黄色，前翅1对，足3对。卵椭圆形，黄绿色。若虫初孵时淡黄绿色，后转黄色，

椰圆蚧介壳（正面）

椰圆蚧介壳（背面）

眼褐色。蛹长椭圆形，黄绿色，眼褐色。

生活习性 椰圆蚧以受精的雌成虫在茶树枝干上越冬，1 年发生 2 ～ 3 代。雌成虫经交配后，陆续在体内孕卵、产卵，卵产在介壳内。初孵若虫爬出介壳后，选择适合部位后固定，并逐渐分泌蜡质覆盖虫体。若虫大多在嫩叶背面取食，取食后即可在嫩叶正面呈现黄色圆形的斑点，随着虫龄的增长和取食量的增加，斑点也逐渐扩大。

防治措施 一般可结合茶园其他害虫防治进行兼治。

椰圆蚧若虫（1 龄）

椰圆蚧为害状

106 草履蚧

草履蚧［*Drosicha corpulenta*（Kuw）］，又称草鞋蚧、桑虱，属半翅目、硕蚧科，是一种茶园偶发的蚧类害虫。

分布为害 草履蚧主要发生在浙江、山东、湖南、四川、云南等省。以若虫、雌成虫刺吸茶树幼嫩部位汁液为害。

草履蚧若虫（初期）

识　别 草履蚧雌成虫体扁平，无翅，体长 8 ～ 10 毫米，背面棕褐色，腹面黄褐色，被 1 层霜状蜡粉，沿身体边缘分节较明显，呈草鞋底状。雄成虫翅展约 10 毫米，体紫红色，头和胸淡黑色，触角黑色，环生细长毛，念珠状。前翅淡紫黑色半透明，翅脉 2 条；后翅为平衡棒。卵产于卵囊内，卵囊白色，棉絮状。若虫外形类似雌成虫，个体较小。雄虫预蛹圆筒形，褐色；茧长椭圆形，白色棉絮状。

草履蚧成虫交尾

生活习性 草履蚧以卵在泥土中越冬，1 年发生 1 代。初孵若虫出土后沿茎干爬至梢部、芽腋或初展新叶的叶腋刺吸为害。雌性若虫 3 次蜕皮后即变为雌成虫，自茎干顶部开始向下爬行，经交配后钻入树干周围石块下、土缝等处，分泌白色绵状卵囊，并将卵产在其中。当草履蚧若虫、成虫的虫口密度高时，常群体迁移。

防治措施 （1）清园翻土：结合冬季清园，深翻土层，破坏草履蚧卵的越冬。（2）药剂防治：应掌握在若虫出土时喷药，药剂可选用 99% 矿物油 100 ～ 150 倍液，或 2.5% 高效氯氟氰水乳剂 2000 倍液，或 240 克 / 升虫螨腈悬浮剂 2000 倍液等。

草履蚧若虫（中后期）

107
茶橙瘿螨

茶橙瘿螨（*Acaphylla steinwedeni* Keifer），又称斯氏尖叶瘿螨，属蜱螨目、瘿螨科，是我国茶树上的主要害螨之一。

分布为害 我国各产茶区均有分布，且发生普遍。以成螨、幼螨、若螨刺吸茶树汁液为害，被害叶常呈黄绿色，叶片正面主脉发红，失去光泽，严重时叶背出现褐色锈斑，芽叶萎缩、干枯，状似火烧，严重影响茶叶产量。

识　　别 茶橙瘿螨成螨体形微小，长圆锥形，黄色至橙红色，前体段有羽状爪，后渐细呈胡萝卜状。卵球形，白色半透明呈水晶状，近孵化时颜色变混浊。幼螨无色至淡黄色，体形与成螨相似。若螨淡橘黄色，体长于幼螨，体形与成螨相似。

生活习性 茶橙瘿螨以成螨、卵、幼螨、若螨在叶背越冬，1 年发生约 25 代。茶橙瘿螨营孤雌生殖，卵散产于嫩叶背面，尤以侧脉凹陷处居多。发生期各形态螨混杂，世代重叠现象严

茶橙瘿螨成螨

茶橙瘿螨卵（箭头处）和幼螨

重。螨口以茶丛上部叶背为多，尤其是嫩叶上更多。在浙江，一般全年有2个高峰，分别是5月中下旬和7—9月。

防治措施 （1）分批及时采摘：茶橙瘿螨多分布在一芽二三叶上，及时分批采摘可带走大量的成螨、卵、幼螨、若螨。（2）药剂防治：在螨口数量上升初期进行防治，药剂可选用99%矿物油150～200倍液，或240克/升虫螨腈悬浮剂1500～2000倍液，非采摘期可用45%石硫合剂结晶粉150倍液。

茶橙瘿螨成螨和若螨

茶橙瘿螨为害状

108 茶叶瘿螨

茶叶瘿螨［*Calacarus carinatus*（Green）］，又称龙首丽瘿螨、茶紫瘿螨等，属蜱螨目、瘿螨科，是一种茶树上常见的害螨。

分布为害 茶叶瘿螨在我国茶区发生较普遍，常与茶橙瘿螨混合发生。以成螨、幼螨、若螨刺吸茶树汁液为害，主要为害成叶和老叶。初期为害状往往不明显，叶片正面似有灰白色尘粉物即蜕皮壳。当这种尘粉增多后，叶片逐渐失去光泽，呈紫铜色，茶芽萎缩，质地硬脆，且常沿中脉向上卷曲，最后全叶脱落。

识　　别 茶叶瘿螨成螨体形微小，椭圆形，紫黑色，后体段有皱褶环纹，背面有5条纵列的白色絮状蜡质分泌物。卵圆形，扁平状，黄白色半透明。幼螨初期体裸露，有光泽。若螨黄褐色至淡紫色，体被白色蜡质絮状物，后体段环纹不明显。

生活习性 茶叶瘿螨以成螨在叶背越冬，1年发生10余代。成螨、幼螨、若螨主要栖息在茶树叶片上，以叶脉两侧和低洼处居多。卵散产于叶片正面。高温干旱季节繁殖很快，常出现发生高峰。

防治措施 参照茶橙瘿螨。

茶叶瘿螨成螨、若螨及蜕皮壳

茶叶瘿螨严重为害状

109 茶跗线螨

茶跗线螨［*Polyphagotarsonemus latus*（Banks）］，又称茶黄螨、侧多食跗线螨、茶半跗线螨，属蜱螨目、跗线螨科，是茶树上的主要害螨之一。

分布为害 茶跗线螨主要分布在浙江、湖北、四川、贵州和云南等茶区。以成螨、幼螨、若螨栖息在茶树嫩叶背面刺吸汁液为害，被害叶片硬化增厚，叶背出现铁锈色，叶尖扭曲畸形，芽叶萎缩。

识　别 茶跗线螨成螨体形微小。雌成螨体长 0.20 ~ 0.25 毫米，近椭圆形，初期乳白色，渐变成淡黄色或黄绿色半透明，后体段背面中央有纵向乳白色条斑，第 4 对足纤细；雄成螨体长 0.16 ~ 0.18 毫米，近菱形，第 4 对足粗长。卵椭圆形，白色半透明，近孵化时淡绿色，卵壳上有纵向排列整齐的灰白色圆形泡状凸起，共 6 行。幼螨前期椭圆形，乳白色，足 3 对。若螨

茶跗线螨成螨和若螨

茶跗线螨卵

长椭圆形，体形与成螨接近，足 4 对。

生活习性 茶跗线螨以雌成螨在茶芽鳞片内或叶柄等处越冬，1 年发生 20 ～ 30 代。茶跗线螨以两性繁殖为主，也能营孤雌生殖，卵单产，散产于芽尖和嫩叶背面。茶跗线螨趋嫩性很强，能随芽梢的生长不断向幼嫩部位转移，分布在芽下第 1 ～ 3 叶的螨数占总螨数的 98% 以上。

防治措施 （1）分批及时采摘：由于茶跗线螨绝大部分分布在一芽二三叶上，及时分批采摘可带走大量的成螨、卵、幼螨、若螨。（2）药剂防治：在螨口发生高峰出现前进行防治，药剂可选用 24% 虫螨腈悬浮剂 1500 ～ 2000 倍液，非采摘期可使用 45% 石硫合剂结晶粉 150 倍液。

茶跗线螨为害状（叶片正面皱缩）

茶跗线螨为害状（叶片背面黄褐色）

110 茶短须螨

茶短须螨（*Brevipalpus obovatus* Donnadieu），又称卵形短须螨，属蜱螨目、细须螨科，是茶树上重要的害螨之一。

分布为害 茶短须螨分布在江苏、浙江、安徽、福建、山东、湖南、广东等省。以成螨、幼螨、若螨刺吸茶树汁液为害，主要为害成叶或老叶。被害叶片失去光泽，叶背面常有紫色斑块，叶柄和主脉变褐色，后期叶柄霉烂，引起大量落叶。

识　别 茶短须螨雌成螨近椭圆形，体鲜红色至暗红色，体长0.27～0.31毫米，体宽0.13～0.16毫米，足4对，近第2对足的基部有半球形红色单眼1对；雄成螨体形小，尾部较尖，呈楔形，长约0.25毫米，宽约0.13毫米。卵为卵形，表面光滑，鲜红色，孵化前色变浅，卵壳白色半透明。幼螨初孵时近圆形，橙红色，足3对；腹末有毛，共3对，2对呈匙形，中间1对呈刚毛状。若螨形似成螨，橙红色，体背有黑色斑块，足4对；腹末较成螨钝，有3对毛都呈匙形。

生活习性 茶短须螨在杭州1年发生6～7代，以雌成螨群集于近泥门（0～3厘米）的茶树根部越冬。翌年4月，越冬成螨开始往茶树叶片上迁移，随着气温的上升，逐渐开始繁殖。高温干旱对其发生有利，7—9月常出现发生高峰。成螨、幼螨、若螨栖息于叶片的正反面，但以叶背居多。发生期各虫态混杂，世代重叠现象严重。

防治措施 （1）在发生期（7—9月），清除茶园落叶，并及时清除出园，可减少虫口数量。（2）夏季做好喷灌、覆盖等茶园抗旱工作，改变茶园微气候环境，以抑制茶短须螨的发生。（3）秋茶结束后即喷洒0.5波美度石灰硫磺合剂，以减少越冬虫口基数，其他药剂参照茶橙瘿螨。

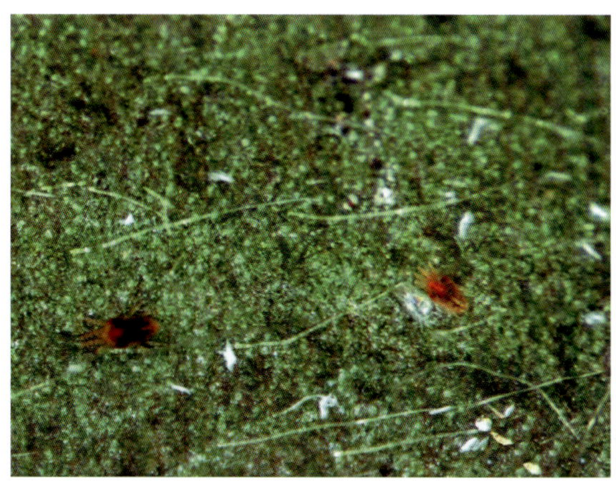
茶短须螨及其排泄物（白色为其排泄物）

茶短须螨为害状

111 咖啡小爪螨

咖啡小爪螨（*Oligonychus coffeae* Nietner），又称茶红蜘蛛，属蜱螨目、叶螨科，是我国南方茶区主要害螨之一。

分布为害 咖啡小爪螨分布在浙江、福建、江西、湖南、广东、广西、海南、贵州、云南、台湾等省份。以成螨、幼螨、若螨刺吸茶树叶片汁液为害，被害叶片先局部变红，后变成暗红色，失去光泽，严重时可使整个茶园叶片发红，影响茶树生长和茶叶产量。

识　　别 咖啡小爪螨雌成螨宽椭圆形，虫体暗红色，前端淡色，背隆起，体背有4列纵行细毛，足4对；雄成螨较雌成螨体形小，腹末较雌成螨尖。卵近圆形，红色至浅橙红色，中间有1根白细毛。幼螨椭圆形，鲜红色，足3对。若螨椭圆形，暗红色，外形与成螨相似，足4对。

生活习性 咖啡小爪螨在福建1年发生约15代，无明显的越冬、滞育现象。全年各种螨态混杂发生，喜光，多栖于成叶及老叶进行为害。卵产于叶正面，且多在叶脉两侧及凹陷处。幼螨善爬行，且能吐丝随风飘移。每年秋末至早春是高发为害时期。

咖啡小爪螨成螨

咖啡小爪螨成螨和若螨

防治措施 （1）分批采摘：及时分批采摘可带走部分的成螨、卵、幼螨、若螨。（2）药剂防治：在螨口上升初期进行防治，药剂可选用99%矿物油150～200倍液，或240克/升虫螨腈悬浮剂1500～2000倍液，非采摘期还可用45%石硫合剂结晶粉150倍液。

咖啡小爪螨为害状（中后期）

咖啡小爪螨为害状（后期）

112 神泽叶螨

神泽叶螨（*Tetranychus kanzawai* Kishida），又称神泽氏叶螨，属蜱螨目、叶螨科，可为害蔬菜、果树、茶树等多种植物，是一种重要的农业害螨。

分布为害 神泽叶螨分布在浙江、安徽、福建、江西、山东、湖南、陕西、台湾等产茶省。成螨、幼螨、若螨栖息于叶背刺吸茶树汁液为害，受害部位明显黄化。嫩叶受害后从叶尖开始变褐色，最后叶片脱落。老叶为害后背面变褐色并凹陷，叶面隆起褪色，为害处稍黄，同时附有白粉状蜕皮壳。发生严重时引起落叶和枝梢枯死。

识　别 雌成螨宽椭圆形，体长0.5毫米，体宽0.3毫米，红色至深红色，冬季朱红色；雄成螨卵圆形，腹末较尖，体长0.3毫米，淡橙色。卵呈球形，直径约0.1毫米，淡黄色。幼螨足3对，若螨足4对。2龄若螨长0.2～0.3毫米，宽0.1～0.2毫米，淡红色。

神泽叶螨雌成螨和卵（薛晓峰　提供）

神泽叶螨雄成螨和幼螨（薛晓峰　提供）

生活习性 神泽叶螨在江西1年发生13～16代。以雌成螨在茶丛老叶背面越冬。在温暖地区，各虫态均能混杂越冬。越冬螨体呈朱红色，雌成螨不产卵。最适发育温度为20～30℃，降水对种群数量影响较大，降水少、天气干旱的年份易发生。冬季气温偏高，茶园发生严重。遮阴茶园比普通茶园发生严重。茶树品种间的发生程度也有较大差异。

防治措施 参照茶跗线螨。

神泽叶螨为害状（成叶受害，正面）

神泽叶螨为害状（成叶受害，背面）

神泽叶螨为害状（嫩梢受害）

113
柑橘始叶螨

柑橘始叶螨（*Eotetranychus kankitus* Ehara），俗称四斑黄蜘蛛、柑橘黄蜘蛛，属蜱螨目、叶螨科，是西南茶区局部为害较重的一种茶树害螨。

分布为害 柑橘始叶螨主要分布在重庆、四川、西藏、贵州、湖北、福建等地。以成螨、若螨刺吸茶树叶片为害，尤以嫩叶受害最严重。叶片受害后背面常凹陷变褐色，在凹陷处常附有少量丝网覆盖，叶片皱缩或扭曲呈畸形，叶片正面呈不规则形的黄褐斑，严重时叶片边缘出现枯焦。

识　　别 柑橘始叶螨雌成螨体长 0.23 ～ 0.43 毫米，近梨形，腹部末端宽钝，体表透亮，呈浅黄白色，足 4 对。体背外缘有 4 个不规则多角形黑斑，前体 2 个黑斑前各有 1 个黑点。雄成螨体长 0.25 ～ 0.34 毫米，较狭长，腹末较雌成螨尖削，足较长。卵直径 0.11 ～ 0.14 毫米，圆球形，表面光滑，透明，初产时为乳白色，后转为橙黄色，近孵化时为灰白色。幼螨初孵时淡黄色，近圆形，雌若螨体背面即可见 4 个深褐色斑，雄若螨的斑则不明显。若螨体形似成螨，但比成螨略小。

生活习性 柑橘始叶螨在年平均气温 18℃的地区，1 年发生 16 代左右；在 15 ～ 16℃的地区，1 年发生 12 ～ 14 代。柑橘始叶螨成螨、卵、幼螨、若螨在茶树上、中、下层的分布均呈聚集分布格局。成螨和卵在茶蓬下外缘方向的嫩叶上分布最多，幼螨、若螨在篷面上分布最多。

防治措施 参照茶跗线螨。

柑橘始叶螨成螨（雌）

柑橘始叶螨成螨（雄）

柑橘始叶螨卵

柑橘始叶螨若螨

柑橘始叶螨为害状

114 茶蚜

茶蚜（*Toxoptera aurantii* Boyer），又称茶二叉蚜，俗称蜜虫、油虫，属半翅目、蚜虫科，是一种茶园常见的害虫。

分布为害 我国主要产茶区均有分布。以成蚜、若蚜聚集在茶树新梢嫩叶背及嫩茎上刺吸汁液为害，影响茶叶产量和品质。

识　别 茶蚜有翅成蚜黑褐色且有光泽，前翅中脉二分叉，腹部背侧有4对黑斑；有翅若蚜棕褐色，翅芽乳白色。无翅成蚜近卵圆形，稍肥大，棕褐色，体表多细密淡黄色横列网纹；无翅若蚜浅棕色或淡黄色。卵长椭圆形，一端稍细，漆黑色且有光泽。

生活习性 茶蚜一般以卵在茶树叶背越冬，在南方有时无明显的越冬现象，1年发生25代以上。茶蚜主要营孤雌生殖，繁殖速率快，趋嫩性强，以芽下第1、2叶上的虫量最大。随着气温的下降，以卵越冬的种群出现两性蚜，交配后产卵越冬。茶蚜除直接吸取汁液为害茶树外，还可分泌蜜露引发茶煤病。

防治措施 （1）分批采摘：及时分批采摘可带走嫩叶上的蚜群。（2）色板诱杀：茶蚜有趋色性，茶园放置黄色粘虫板，可诱杀有翅成蚜。（3）药剂防治：部分茶蚜发生较重的茶园宜进行防治，药剂可选用25%吡虫啉可湿性粉剂2000倍液，或10%联苯菊酯水乳剂3000倍液，或240克/升虫螨腈悬浮剂1500～2000倍液等。

茶蚜为害状

茶蚜及其蜕皮壳与分泌物

茶蚜及食蚜蝇卵（白色）

115 茶黄蓟马

茶黄蓟马（*Scirtothrips dorsalis* Hood），又称茶叶蓟马、茶黄硬蓟马，属缨翅目、蓟马科，是一种茶园常见的小型害虫。

分布为害 茶黄蓟马分布在浙江、福建、江西、广东、广西、海南、贵州、云南、台湾等省份。以成虫、若虫锉吸茶树嫩叶汁液为害，有时也可为害叶柄、嫩茎和老叶。受害叶片背面主脉两侧有2条或多条纵向内凹的红褐色条痕，条痕相应的叶正面略凸起。严重时叶背呈现一片褐纹，芽梢出现萎缩，叶片向内纵卷，叶质僵硬变脆。

识　　别 茶黄蓟马成虫体长约0.9毫米，橙黄色。翅2对，透明窄长，翅缘密生长毛。卵肾形，初期乳白色半透明，后变成淡黄色。初孵若虫乳白色，后渐转为黄色；3龄时出现翅芽。

生活习性 茶黄蓟马一般以成虫在茶花中越冬，1年发生10～11代。成虫活跃，受惊后能短距离飞迁，无趋光性，但趋色性强，阳光下多栖于叶背和芽缝内。卵产于芽和嫩叶叶背表皮下，单粒散产。

茶黄蓟马成虫

茶黄蓟马若虫

防治措施 （1）分批采摘：及时分批采摘可带走新梢上的卵和若虫。（2）药剂防治：一般结合茶园其他害虫的防治进行兼治；部分茶黄蓟马发生较重的茶园，可选用 15% 茚虫威乳油 2500 ～ 3500 倍液，或 10% 联苯菊酯乳油 3000 ～ 6000 倍液进行防治。

茶黄蓟马为害状（正面）

茶黄蓟马为害状（背面）

116 茶棍蓟马

茶棍蓟马（*Dendrothrips minowai* Priesner），又称茶棘皮蓟马、茶蓟马，属缨翅目、蓟马科，是茶园常见的一种小型害虫。

分布为害 茶棍蓟马主要分布在浙江、广东、广西、海南、贵州等省份。以成虫、若虫锉吸茶树汁液为害，为害后叶片失去光泽，变形、质脆，严重时芽叶停止生长，以至萎缩枯竭。

识　别 茶棍蓟马雌成虫体黑褐色，前胸与头等长。翅狭长微弯，后缘平直。前翅淡黑色，有1条翅脉，翅中央靠基部一段有1条白色透明带，合翅时能见背中有1个黄白色点。卵长椭圆形，乳白色半透明。若虫共4龄，乳白色至橙红色半透明，头扁而细长。

生活习性 茶棍蓟马1年发生多代，世代重叠。成虫活动性较弱，受惊后会弹跳飞翔，白天在阳光照射下多栖息于茶树叶背荫蔽处。卵多散产于芽下第1叶的表皮下。若虫趋嫩性强，有群集性，常数十头聚集栖息于嫩叶叶背或叶面。预蛹（3龄）时停止取食，并沿枝干下爬至土表枯叶下或树干下部苔藓、地衣及茶丛内层形成虫苞化蛹。

防治措施 （1）分批采摘：及时分批采摘可带走嫩叶上的茶棍蓟马虫群。（2）药剂防治：可参照茶黄蓟马。

茶棍蓟马成虫

茶棍蓟马若虫

茶棍蓟马为害状

117 贡山喙蓟马

贡山喙蓟马（*Mycterothrips gongshanensis* Li, Li & Zhang），属缨翅目、蓟马科，是近年来新发现的一种茶树害虫。

分布为害 贡山喙蓟马分布于贵州、云南。以成虫、若虫藏匿于芽叶贴合处或芽下第一叶的叶尖和叶缘卷曲处，锉吸新梢和嫩芽为害茶树。受害芽叶叶面卷曲、凹凸、畸形，严重时致芽叶脱落。

识　别 贡山喙蓟马成虫棕褐色至黑褐色，体长0.9～1.3毫米，雄虫个体较雌虫明显更小，色泽更浅。前胸背板宽大于长；中胸背板具横纹，前缘具感觉孔；后胸背板前中部具横纹，两侧具纵纹。前翅暗褐色，基部和端部色淡。卵肾形，乳白色，半透明。若虫共4龄，体长0.3～1.1毫米。1～2龄若虫乳白色、淡黄绿色至黄绿色，触角向前平伸，无翅芽；3龄若虫（伪

贡山喙蓟马成虫

贡山喙蓟马若虫（左：生态照，右：特写照）

蛹）头胸部黄白色，腹部黄色，翅芽开始显露，触角直立或向后贴于头部背面；4 龄若虫（蛹），渐变为棕褐色，翅芽逐渐伸长并显露毛序，前翅和后翅几近等长，触角向后贴于头部背面。

生活习性 贡山喙蓟马在贵州 1 年发生 8 代及以上，以成虫在茶树芽叶鳞片内越冬，或无明显越冬现象。在 4 月中旬至 5 月中旬、9 月上旬至 10 月分别出现 2 个成虫发生高峰。成虫产卵于芽叶组织内。成虫、若虫畏光且趋嫩性强，喜在芽头和芽下第 1、2 叶缝隙间取食活动。

防治措施 参照茶棍蓟马。

贡山喙蓟马为害状（初期）

贡山喙蓟马为害状（后期）

118
茶天牛

茶天牛（*Aeolesthes induta* Newman），又称楝树天牛，属鞘翅目、天牛科，是一种茶树蛀干害虫。

分布为害 茶天牛在我国产茶区分布广泛。以幼虫钻蛀茶树枝干和根部为害，被害枝生长不良，叶片枯黄，严重时整株枯死。

识　　别 茶天牛成虫体长约30毫米，暗褐色，有光泽，密被褐色细毛；头顶中央有1条纵脊；复眼黑色，在头顶几乎相接；鞘翅上有浅褐色密集的绢丝状绒毛，绒毛有光泽，排列成不规则方形，似花纹。雌虫触角的长度与体长近似，雄虫触角的长度为体长的近2倍。卵长椭圆形，乳白色。幼虫体长37～52毫米，圆筒形，头浅黄色，胸部、腹部乳白色，前胸宽大，硬皮板前端有4个黄褐色斑块，后缘有1条“一”字形纹，中胸、后胸、1～7腹节背面中央有肉瘤状凸起。蛹乳白色至浅赭色。

茶天牛成虫

茶天牛幼虫

生活习性 茶天牛以成虫或幼虫在茶树枝干或根内越冬，2 年或 2 年多发生 1 代。成虫羽化后在蛹室内越冬，第 2 年外出交尾。卵散产在茎皮裂缝或枝杈上。初孵幼虫蛀食树干皮层，在 2 天内进入木质部，再向下蛀食至地下。幼虫老熟时爬至离地面 3 ~ 10 厘米部位，形成长圆形石灰质茧，蜕皮后化蛹在茧中。茶天牛钻蛀的茶树在根颈部留有细小排泄孔，孔外地面堆有虫粪和木屑。

防治措施 （1）灯光诱杀：可在成虫发生期安装杀虫灯诱杀或于清晨人工捕捉。（2）灌注药剂：从排泄孔注入杀虫剂，再用泥巴封口，可毒杀幼虫。

茶天牛幼虫为害状

茶天牛虫粪

119 东方行军蚁

东方行军蚁（*Dorylus orientalis* Westwood），又名东方（食植）矛蚁，俗称黄蚂蚁、黄白蚁、黄丝蚁等，属膜翅目、蚁科、行军蚁属，是茶园偶发的一种蛀食根颈部的害虫。

分布为害 东方行军蚁主要分布在云南、贵州、湖南、江西、福建等省。东方行军蚁食性杂，在茶树上以蛀食根颈部皮层进行为害，严重时可致整株茶树枯死。

识　别 东方行军蚁成虫有工蚁、雌蚁和雄蚁3种形态。大型工蚁体长5～6毫米，体褐黄色，腹部较胸部色淡；身体具有密的刻点，后腹刻点较浅；头近方形或矩形，后缘深凹，额中央具有1条纵沟，触角9节，无复眼、单眼；前胸、中胸背板之间缝不明显；腹柄节1节，胸部及腹柄节背面扁平。小型工蚁体长2.5～4.0毫米，形态与大型工蚁相似，头后缘略凹，体色较淡，黄色，额中央无纵沟。雌蚁个体肥大，有翅；雄蚁个体较雌蚁小，有翅。卵为圆筒形或长椭圆形，长0.3～1.0毫米，初产时，卵呈乳白色，近孵化时变成半透明淡白色，表面光滑。幼虫呈蛆状，乳白色至米黄色。蛹为裸蛹，椭圆形，初为乳白色，化蛹前变成米黄色，长2.5～4.0毫米。

生活习性 东方行军蚁为社会性昆虫，在地下筑巢聚集生活。主要以工蚁为害植物。喜在坟山周围的园地、田埂土坎多的丘块、房前屋后的菜园土、新垦植的园地打洞筑巢。有嗜香、嗜甜、嗜腥的特性，施用未经沤制腐熟的圈肥、菜油枯饼、垃圾等有机肥易诱集东方行军蚁前来为害。

防治措施 （1）注意合理施肥，施用有机肥料时必须完全发酵腐熟。（2）可在6—7月用杀虫灯诱杀有翅蚁，以减少下一代幼虫数量。（3）可选用灭蟑药每15平方米放置1～3管，每管2克，湿度大的地方可把药放在玻璃瓶内侧，待工蚁取食毒饵后，将毒饵带入蚁巢，引起巢内个体中毒死亡。（4）可选用茶园常用杀虫剂，如2.5%溴氰菊酯乳油800倍液，对茶树根颈部进行喷施或找到蚂蚁巢穴进行灌浇。

东方行军蚁工蚁

东方行军蚁为害状

120 黑翅土白蚁

黑翅土白蚁（*Odontotermes formosanus* Shiraki），又称黑翅大白蚁、台湾黑翅白蚁，属膜翅目、蚁科，是一种蛀食茶树根部、茎部的重要害虫。

分布为害 我国南方产茶区均有分布。以蚁群取食茶树根部、茎部树皮及浅木质层为害，影响茶树树势和茶叶产量。

识　别 黑翅土白蚁为社会性昆虫，同一蚁群中有兵蚁、工蚁和生殖蚁之分。卵为长椭圆形，乳白色。兵蚁无翅，头部深黄色，胸、腹部淡黄色。工蚁无翅，头部黄色，胸、腹部灰白色，足乳白色。蚁王为雄性生殖蚁，体形较大，翅脱落；蚁后为雌性生殖蚁，翅脱落，腹部随年龄增长异常膨大，白色且有褐色斑块；有翅生殖蚁体长 12 ～ 15 毫米，翅长 20 ～ 25 毫米。

生活习性 黑翅土白蚁具有群栖性。蚁后产的卵发育成幼蚁，幼蚁分化为兵蚁、工蚁和生殖蚁。兵蚁负责保卫蚁巢，工蚁担负筑巢、采食和抚育幼蚁等工作，生殖蚁逐渐生长成为有翅蚁。有翅蚁善飞行，有趋光性，羽化后飞到新的场所，即脱翅求偶，成对钻入地下筑新巢，成为新的蚁王或蚁后再繁殖新蚁群。在新巢的成长过程中，不断发生结构上和位置上的变化，蚁巢腔室由小到大、由少到多。工蚁采食时在茶树树干外做泥被和泥线，形成大块蚁路，严重时泥被环绕整个树干而形成泥套，造成茶树长势衰退。

防治措施 （1）诱饵诱杀：可在蚁群出没的区域埋放毒饵，工蚁带回巢内毒杀蚁群。（2）挖除蚁巢：在白蚁为害区域寻找蚁路，挖掘蚁巢。（3）灯光诱杀：在生殖蚁羽化盛期，在茶园安装杀虫灯诱杀成虫。

黑翅土白蚁幼蚁

黑翅土白蚁为害状

121 茶籽象甲

茶籽象甲（*Curculio chinensis* Chevrolat），又称油茶象甲，属鞘翅目、象甲科，是一种蛀食茶果和为害茶梢的害虫。

分布为害 我国主产茶区均有分布。成虫以管状喙插入茶树嫩梢或未成熟茶果为害，造成茶梢凋萎或引起落果，幼虫则在茶果内蛀食果仁。

识　　别 茶籽象甲成虫体黑色，有时略带酱红色，背面被白色和褐色鳞片，构成有规则的斑纹。触角膝形，端部3节膨大着生在近管状喙基部的1/2（雄）或1/3（雌）处；管状喙光滑，细长，向下弯曲。前胸背板较隆起，有浅茶褐色鳞毛和刻点。鞘翅三角形，有茶褐色、黑色和白色鳞毛组成的横带，每个鞘翅上有10条纵沟。各足腿节末端膨大，下方有1个齿状凸起。卵长椭圆形，黄白色。幼虫长10～12毫米，体肥，多皱，背拱腹凹，略成C形弯曲。足退化。蛹长椭圆形，黄白色。

生活习性 茶籽象甲以成虫、幼虫在土中越冬，一般2年发生1代。成虫具有假死性，常躲在叶背和茶果底部；取食时用管状喙将嫩梢表皮或未成熟茶果咬个孔洞，然后插入管状喙摄取汁液和组织。成虫产卵时用管状喙咬穿果皮，并钻成小孔，再将产卵管插入种仁内产卵，每孔产1粒。孵化后的幼虫在胚乳内生长，取食种仁，直至蛀空种子。老熟幼虫陆续钻出茶果入土越冬。

防治措施 茶籽象甲为偶发性害虫，一般无须专门防治。

茶籽象甲成虫

茶籽象甲成虫为害状（示意图）

茶籽象甲幼虫及其为害状

122 金龟甲

金龟甲是鞘翅目金龟总科昆虫的总称，又称金龟子，其幼虫称蛴螬。茶园常见金龟甲主要有铜绿丽金龟（*Anomala corpulenta* Motschulsky）、东北大黑鳃金龟（*Holotrichia diomphalia* Bates）和黑绒鳃金龟（*Maladera orientalis* Motschulsky）等，是为害茶树主要的地下害虫之一。

分布为害 我国各产茶区均有分布。以幼虫咬食茶树根系和成虫取食茶树叶片为害，可引起茶苗枯死或叶片出现孔洞。

识　　别 金龟甲多为中型虫体，椭圆形。触角鳃叶状，末端3～5节膨大成片状，能自由张合。鞘翅多有金属光泽，不全盖没腹部。前足胫节扁而宽，适于掘土。幼虫蛴螬形，体白色至黄白色，腹部末端腹板宽大。

生活习性 金龟甲以成虫或幼虫在土中越冬，1年发生1代。成虫白天潜伏于表土内，黄昏后出土活动，夜间交尾、取食，具有趋光性和假死性。卵产于土中。幼虫3龄，终身土栖，咬食作物根系。

防治措施 金龟甲在茶园为偶发性害虫，一般无须专门防治。

金龟甲幼虫

金龟甲成虫

123 油茶宽盾蝽

油茶宽盾蝽（*Poecilocoris latus* Dallas），又称茶籽盾蝽、油茶蝽，属半翅目、盾蝽科，是茶园常见的一种为害茶果的害虫。

分布为害 油茶宽盾蝽主要分布在我国南方产茶区。以成虫、若虫刺吸茶树幼果为害，引起落果或茶籽秕瘪。

识　别 油茶宽盾蝽成虫体长18～20毫米，体宽10～13毫米，宽椭圆形，黄色、橙黄色、黄褐色，刚羽化时呈米黄色，有蓝色或蓝黑色斑。头蓝黑色，前胸背板有4块蓝黑斑，后端1对斑块较大。小盾片有7～8块蓝黑斑，基部中央有1块大型横列斑，有时分成2块，其外侧各1小块，中央稍后横列4块，中间2块较大。卵椭圆形，长1.5毫米，宽1.2毫米，上端有卵盖，初产时淡黄色，孵化前呈深黄色，卵盖有2颗对称小红斑。若虫5龄，体长可达15～17毫米，橙黄色，较鲜艳；复眼及触角2～5节蓝黑色，头及中胸、后胸背面有倒“山”字形斑，蓝色，有光泽；腹背中央渐现2块横列蓝斑。

生活习性 油茶宽盾蝽以老熟若虫在茶丛中下部叶背或根际枯草落叶下越冬，1年发生1代。成虫羽化后先蛰伏再逐渐活动，有假死性。卵分批成块，多产于枝叶繁茂的叶背。初孵若虫聚集叶背刺吸茶树汁液，3龄后分散取食幼果、花蕾。

防治措施 油茶宽盾蝽在茶园为偶发性害虫，一般无须专门防治。

油茶宽盾蝽成虫

油茶宽盾蝽若虫（2龄）

油茶宽盾蝽若虫（4 龄）

油茶宽盾蝽若虫（5 龄）

124 茶堆砂蛀蛾

茶堆砂蛀蛾（*Linoclostis gonatias* Meyrick），属鳞翅目、木蛾科，是老茶园常见的害虫之一。

分布为害 我国大部分产茶区均有分布。幼虫咬食叶片和树干皮层，并蛀食枝干木质部，破坏输导组织，影响芽梢生育，严重时可造成上部茶枝枯死。

识　别 茶堆砂蛀蛾成虫体长 8 ～ 10 毫米，翅展 16 毫米，全体被白色鳞毛。前翅白色，具丝缎状光泽；后翅近三角形，银白色；前翅、后翅缘毛均银白色。卵球形，乳黄色。成熟幼虫体长约 15 毫米，头部赤褐色，前胸硬皮板黑褐色，中胸红褐色，后胸和腹部白色。各节均有红褐色和黄褐色斑纹，前后断续相连成纵纹，各节上有 6 个黑点，前后排成 2 列，前列 4 个，后列 2 个，每 1 个黑点上着生 1 根褐色细毛。臀板暗黄色。蛹圆筒形，黄褐色，长约 8 毫米，腹末有 1 对三角形凸起。

生活习性 茶堆砂蛀蛾 1 年发生 1 代，以老熟幼虫在枝干内越冬。各虫态发生参差不齐。初孵幼虫吐丝缀结叶片，潜居其间咬食表皮和叶肉。3 龄后蛀害枝干，多在近树梢 30 ～ 60 厘米枝干分叉处或伤口处为害，先剥食枝皮，然后蛀入枝内取食，形成短直虫道，并在周围吐丝将木屑和虫粪缀合成长筒虫巢，似堆砂状。幼虫怕阳光，隐居虫道内取食，也能将附近叶片缀于巢上取食。抗干、耐饥力强，能在较干燥、坚硬的枝干中生存。幼虫老熟后，在虫道内吐丝作茧化蛹。

防治措施 （1）剪除并烧毁虫枝。（2）为害枝附近有堆砂状虫粪，目标明显，可用铁丝伸入蛀孔刺杀幼虫。一般无须喷药防治。

茶堆砂蛀蛾为害状

125 茶枝木蠹蛾

茶枝木蠹蛾（*Zeuzera coffeae* Nietner），又称咖啡木蠹蛾，属鳞翅目、木蠹蛾科，是茶树钻蛀害虫之一。

分布为害 我国主要产茶区均有分布。以幼虫钻蛀茶树枝干为害，引起茶树枯梢，并影响茶树生长。

识　别 茶枝木蠹蛾成虫体长约20毫米，翅展约45毫米，胸部背面有3对青蓝色点纹。翅灰白色，前翅散生蓝黑色斑点，后翅有青蓝色条纹。卵椭圆形，黄白色。幼虫体长可达30～35毫米，头部橙黄色，体暗红色，体表多颗粒凸起，各节生有白色毛1根。蛹长筒形，红褐色。

茶枝木蠹蛾幼虫

生活习性 茶枝木蠹蛾以幼虫在茶树茎干蛀道内越冬，1年发生1～2代。幼虫蛀食茶树枝干，向下蛀成虫道，最终直达茎基。蛀道内壁光滑且多凹穴，直达枝干基部，枝干外常有3～5个排泄孔，零乱排列不齐，排泄孔外多粒状虫粪。幼虫有转梢为害的习性，可为害2～3年生枝条。

茶枝木蠹蛾虫粪

防治措施 (1) 人工剪除虫枝：在8—9月发现细枝枯萎及虫粪时，立即摘除。(2) 灯光诱杀：利用成虫趋光性，在成虫发生期安装杀虫灯诱杀成虫。

126 茶枝镰蛾

茶枝镰蛾（*Casmara patrona* Meyrick），又称茶蛀茎虫，俗称钻心虫、蛀心虫，属鳞翅目、镰蛾科，是一种蛀干害虫。

分布为害 我国主产茶区均有分布。以幼虫蛀食茶枝为害，被害枝中空枯死，影响茶树生长。

识　别 茶枝镰蛾成虫体长 15 ～ 18 毫米，翅展 32 ～ 40 毫米，茶褐色。触角丝状，黄白色。前翅近长方形，沿前缘基部 2/5 至近顶角有 1 条土红色带，外缘灰黑，内方有大块土黄色斑，此斑纹内有近三角形黑褐斑，斑上有 3 条灰白色纹，近翅基部有红色斑块；后翅较宽，灰褐色。卵为马齿形，浅黄色。幼虫体长可达 30 ～ 40 毫米，体细长。头部咖啡色，前胸、中胸背板黄褐色。前胸、中胸间背面有明显的乳白色肉瘤凸出。后胸及腹部黄白色，略透淡红色。蛹长圆筒形，黄褐色。

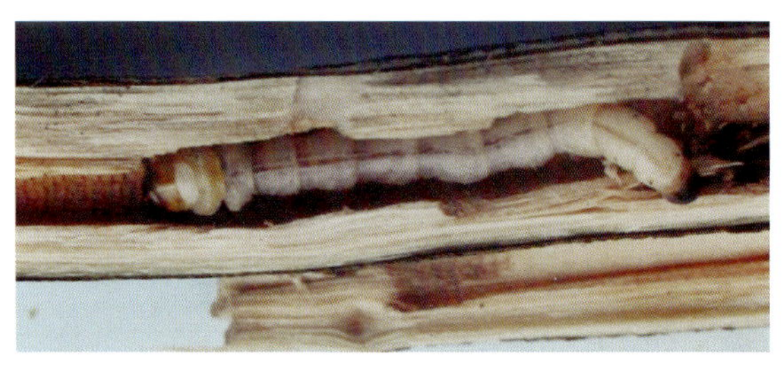

茶枝镰蛾幼虫

生活习性 茶枝镰蛾以老熟幼虫在枝干内越冬，1 年发生 1 代。成虫有趋光性，卵散产于顶芽基部或嫩梢叶腋间，每处 1 粒。幼虫孵化后，从枝梢端部或叶腋间蛀入，并向下蛀食。3 龄后，逐渐蛀食较大的侧枝、主干、根颈部。虫道大且光滑，每隔一定距离咬 1 个圆形排泄孔，在排泄孔下方可见棕黄色圆柱形颗粒状粪便。幼虫老熟后，在距枝顶 1/3 左右处咬 1 个比排泄孔稍大的椭圆形羽化孔，孔口用丝黏结封闭，然后在羽化孔下方虫道内吐丝做一絮状茧，化蛹于其中。幼虫期长达 9 个月以上，一般 7 月上中旬幼虫盛孵，8 月上中旬茶园开始出现枯梢。

茶枝镰蛾成虫

防治措施 （1）剪除虫枝：在 8—9 月发现细枝枯萎及虫粪时，立即摘除。（2）灯光诱杀：利用成虫趋光性，在发蛾盛期点灯诱杀。

茶枝镰蛾为害状

第三章　病虫天敌

127 单白绵副绒茧蜂

单白绵副绒茧蜂［*Parapanteles hyposidrae*（Wilkinson）］，又名单白绵绒茧蜂，属膜翅目、茧蜂科，是尺蠖类的寄生性天敌优势种，主要寄生于茶尺蠖、灰茶尺蠖、茶银尺蠖等多种尺蠖。

分　布 全国各产茶区均有分布。

形　态 单白绵副绒茧蜂成虫体长约2.5毫米，翅展约6毫米，全体黑色，腹部长度与宽度均小于胸部。翅2对，白色半透明。前翅有1条回脉，有2个盘室；前缘脉黑褐色；翅痣近三角形，浅黑褐色。雌成虫腹末有一凸出的产卵器；雄成虫略小，翅痣色浅。幼虫蛆状，长约5毫米，前端细，向后渐膨大，乳白色，腹节两侧有肉瘤。茧长椭圆形，两端较圆，长径约3.6毫米，白色，丝质，质地细密，表面被有疏松且较厚的絮状物，成虫羽化后茧的一端有一圆形盖状裂开。

习　性 单白绵副绒茧蜂1年发生10多代，以茧（蛹）在茶树叶背越冬。成虫羽化后1天内即能交尾产卵，卵产于尺蠖幼虫体内，单寄生，每头幼虫上产1粒卵，每雌能产卵12～13粒。蜂幼虫孵化后即在尺蠖幼虫体内取食、生长发育，被寄生的尺蠖幼虫后期腹部第3～6节膨大，行动迟钝。蜂幼虫老熟后，咬破尺蠖幼虫体壁、爬出体外，在虫尸旁结茧化蛹。

单白绵副绒茧蜂成虫

被单白绵副绒茧蜂寄生的茶尺蠖幼虫（腹部后端膨大）

单白绵副绒茧蜂幼虫从茶尺蠖幼虫体中啮出后吐丝结茧

单白绵副绒茧蜂的茧与死亡的茶尺蠖

128 尺蠖原绒茧蜂

尺蠖原绒茧蜂［*Protapanteles immunis*（Haliday）］，曾名茶尺蠖绒茧蜂（*Apanteles* sp.），属膜翅目、茧蜂科，是一种重要的寄生性天敌，主要寄生茶尺蠖、灰茶尺蠖等尺蠖幼虫。

分　　布　尺蠖原绒茧蜂分布于浙江、湖北、湖南、江苏、安徽、四川等省。

形　　态　尺蠖原绒茧蜂成虫体长 2.0 ～ 3.6 毫米，翅展 5.0 ～ 7.2 毫米，体黑色；腹部长度与宽度均小于胸部，腹面基部约 1/2 黄褐色；触角略长于虫体，深褐色；中胸盾片密布细刻点；翅 2 对，半透明，翅基片深褐色，翅脉浅褐色，翅痣近三角形、浅褐色。足黄褐色，基节和爪褐色。雄成虫体略小，中胸盾片具较弱和较小刻点，后足胫节内距稍短。幼虫蛆状，长约 3.7 毫米，前端较细，腹部向后略膨大，至末端又急细，淡黄色，腹节两侧有肉瘤，以第 5 ～ 8 腹节的肉瘤较明显。茧圆筒形，长 2.3 ～ 3.8 毫米，淡黄色或白色，丝质，质地细密，表面有少量丝绕茧连接周围物体。成虫羽化后，茧的一端有一圆形盖状裂开。

习　　性　尺蠖原绒茧蜂 1 年发生 10 多代，以茧（蛹）在茶树叶背越冬。越冬代成虫多在 3—5 月羽化。成虫羽化后即可交尾、产卵，卵产于尺蠖幼虫体内，单寄生。幼虫在寄主体内取食、生长，被寄生的尺蠖幼虫取食减少、行动迟钝。蜂幼虫老熟后从寄主体内啮出，在附近叶片上作茧化蛹。尺蠖原绒茧蜂能行孤雌生殖，其后代均为雄性。

尺蠖原绒茧蜂成虫

尺蠖原绒茧蜂幼虫（右）从尺蠖幼虫（左）体内啮出

尺蠖原绒茧蜂的茧

129 蚜茧蜂

蚜茧蜂(*Aphidius* sp.),属膜翅目、茧蜂科、蚜茧蜂亚科,是蚜虫的寄生天敌,主要寄生于茶蚜。

分　布　蚜茧蜂分布在辽宁、浙江、湖北、云南、台湾等省。

形　态　蚜茧蜂成虫体长1.4～2.4毫米，雌虫较雄虫略大。卵微小，柠檬形或椭圆形，乳白色,长0.08～0.10毫米,宽0.016～0.024毫米。幼虫蛆状,白色。蛹为离蛹,黄褐色或褐色。茧圆形，丝质，灰白色。

习　性　蚜茧蜂成蜂产卵于茶蚜体内，卵至蛹均在蚜虫体内度过。幼虫共4龄，在蚜虫体内取食体液，老熟后紧贴蚜虫体壁结一薄茧，化蛹于其中。被寄生的茶蚜，末期肿胀、僵化，灰白色至灰黑色。一般每年秋季发生较多。

蚜茧蜂寄生茶蚜（左：茶蚜被寄生，右：正常茶蚜）

130 凹眼姬蜂

凹眼姬蜂（*Casinaria* sp.），属膜翅目、姬蜂科，是茶树害虫的寄生性天敌，主要寄生于茶黑毒蛾、肾毒蛾等毒蛾类幼虫。

分　　布 凹眼姬蜂分布在江苏、浙江、安徽等省。

形　　态 凹眼姬蜂成虫体长6.0～7.5毫米，体红棕色，上有少许黑斑，触角黑褐色。前胸背板侧面有浅凹槽，中胸盾片呈球形隆起，腹部向后端渐粗呈圆棒形，雌虫腹部末端几节侧扁。翅2对，透明，翅痣及翅脉黑褐色。卵长筒形，两端钝圆。幼虫蛆状，无色透明，老熟时体长约8毫米。茧灰白色，圆筒形，两端钝圆，上有不规则的黑色斑块，排列成环状。

习　　性 凹眼姬蜂成虫羽化当天即能交配，第2天就能产卵，卵产于寄主腹部第5、6节处的体腔内。蜂幼虫孵化后即在寄主体内取食、生长发育。寄主被寄生后初期无明显异常，能继续取食，后期取食量减少，发育期延长，蜂幼虫咬出前1～2天停止取食。蜂幼虫老熟后，在寄主体壁咬一圆孔、爬出体外，在寄主旁或附近结茧化蛹。

凹眼姬蜂成虫

凹眼姬蜂的茧和寄主茶黑毒蛾的虫尸

凹眼姬蜂幼虫（下）和寄主虫尸（上）

131
尺蠖悬茧姬蜂

尺蠖悬茧姬蜂（*Charops* sp.），属膜翅目、姬蜂科，是尺蠖类幼虫的寄生性天敌。

分　布 尺蠖悬茧姬蜂分布在安徽、浙江等省。

形　态 尺蠖悬茧姬蜂成虫体长 6.0 ～ 8.5 毫米，头、胸部黑色，触角黄褐色至暗褐色。小盾片方形，中间略凹。并胸腹节后方显著向下倾斜，后端窄。腹部黄褐色，第 2 背板的倒箭状纹、后缘及腹末黑褐色。翅短，无小翅室。茧圆筒形，两端钝圆，质地厚，淡灰褐色，近两端有不规则的黑斑，排列呈环状，茧长 4 ～ 6 毫米，一端有 1 束长丝悬挂于枝叶上。

习　性 尺蠖悬茧姬蜂成虫将卵产于尺蠖幼虫体内，单寄生，每头寄主产 1 粒卵。蜂卵孵化为幼虫后即在寄主体内取食，幼虫老熟啮出寄主虫体后，先纺 1 束长丝，上端系在枝叶上，在下端结茧化蛹。

尺蠖悬茧姬蜂的茧

尺蠖悬茧姬蜂的茧（自然状态）

132 蓑蛾瘤姬蜂

蓑蛾瘤姬蜂（*Sericopimpla sagrae* Sauteri Cushman），属膜翅目、姬蜂科，是害虫的寄生性天敌，主要寄生于大蓑蛾、茶褐蓑蛾等蓑蛾类幼虫。

分　布 蓑蛾瘤姬蜂分布在辽宁、浙江、湖北、云南、台湾等省。

形　态 蓑蛾瘤姬蜂成虫体长10～13毫米，头、触角、胸部及腹部背面均黑色，腹部背面各节后缘处有1条乳白色细横线，腹部腹面第1～5节乳白色，第2～5节各有1对黑斑，第6节后均为黑色。翅2对，膜质，半透明，翅脉及翅痣黑色。卵长筒形，两端钝圆。幼虫蛆状呈梭形，乳白色，体节明显，老熟时体长约12毫米。蛹为离蛹，长约11毫米，乳白色。复眼大且明显，红棕色。翅芽、触角、足明显，后期逐步显现成虫的色泽和斑纹。

蓑蛾瘤姬蜂成虫

习　性 蓑蛾瘤姬蜂成虫将卵产于蓑蛾护囊内幼虫的节间膜处，蜂幼虫孵化后即取食寄主幼虫直至化蛹。一般1个护囊内只寄生1头蜂，偶尔也有2～3头。蜂幼虫老熟后，在护囊内化蛹，蜂成虫羽化后飞出护囊再营寄生。在茶园中，一般春秋季有较大虫龄蓑蛾幼虫时蓑蛾瘤姬蜂发生较多。

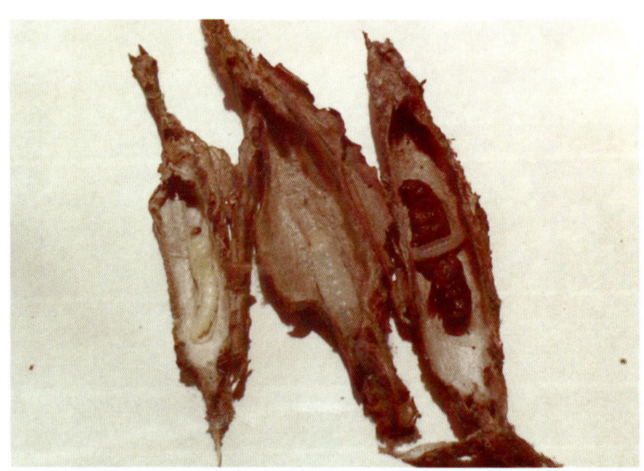

蓑蛾瘤姬蜂幼虫和蛹（左：蛹，中：幼虫，右：蜂幼虫咀食蓑蛾幼虫）

133 圆孢虫疫霉

圆孢虫疫霉［*Zoophthora radicans*（Bref.）A. Batko］，又称根虫瘟霉、圆子虫霉，属虫霉目、虫霉科、虫瘟霉属，是一种常见的虫生真菌，寄主为茶尺蠖、灰茶尺蠖和小绿叶蝉等。

分　布 全国均有分布。

形　态 圆孢虫疫霉的初生分生孢子无色，单核，双囊壁，长椭圆形，顶部稍圆或微尖削，基部有明显孢领，内含物颗粒状，有许多小脂肪滴，大小为（20.2 ～ 27.3）微米 ×（6.27 ～ 8.01）微米。次生分生孢子形态与初生分生孢子相似，大小为（21.8 ～ 25.5）微米 ×（6.4 ～ 7.3）微米。休眠孢子圆形，单核，壁厚 3.64 微米，直径 27.3 ～ 45.5 微米。分生孢子梗掌状分枝。

致病症状 茶尺蠖幼虫感病后，反应迟钝，食量下降，继而自腹部各节腹面或侧面、背面的节间膜处生出肉眼可见的分枝状白色假根，幼虫不久便死亡。大量菌丝穿出虫体，形成分生孢子梗，覆盖虫尸，整个虫尸呈灰褐色。其后弹射出大量分生孢子，在虫体四周形成一圈淡色的晕圈。分生孢子弹完后，虫尸迅速干瘪，色变深呈锈褐色，但仍紧紧附着在叶片上。

小绿叶蝉若虫、成虫感病后，渐趋不动，死亡后腹部紧贴叶片背面，虫体被菌丝覆盖。湿度大时，仅 12 小时虫体外表即形成密集的分生孢子梗和分生孢子。死虫双翅翘开，菌丝体渐呈灰白色或淡绿色。

圆孢虫疫霉发病初期（茶尺蠖胸部和腹部腹面长出假根）

侵染特性 圆孢虫疫霉主要通过分生孢子经体表侵入寄主体内。菌丝在虫体内不断繁殖，宿主慢慢表现出症状。在长江中下游地区圆孢虫疫霉多出现于6月和10月，感染茶尺蠖幼虫。在第5代茶尺蠖幼虫盛发期（9—10月），当虫口密集、温湿度适宜时，易致流行病，致死率可达90%以上。在云南茶园，圆孢虫疫霉侵染小绿叶蝉，发病期为5—12月，高峰期为7月。

圆孢虫疫霉发病中期（茶尺蠖被菌丝和分生孢子覆盖）

圆孢虫疫霉发病末期（孢子弹射后虫尸变褐色）

被圆孢虫疫霉感染的茶尺蠖（左为发病末期，右为发病初期）

134 细脚拟青霉

细脚拟青霉［*Isaria tenuipes* Peck = *Paecilomyces tenuipes*（Peck）Samson］，为高雄山虫草无性型，属肉座菌目、虫草菌科、棒束孢属，是一种常见的虫生真菌，可寄生茶尺蠖、夜蛾、云尺蛾、小白尺蛾、茶毛虫、茶小卷叶蛾和茶茸毒蛾等多种茶树害虫。

分　　布 全国均有分布。

形　　态 细脚拟青霉瓶梗基部纺锤形或球形膨大，大小为（6.3～15.0）微米×（1.6～3.6）微米或（4.8～6.4）微米×（2.5～3.5）微米。分生孢子长圆形或略弯曲的腊肠形，大小为（3.0～10.0）微米×（1.6～2.8）微米。分生孢子链略弯曲不缠结，长100微米以上。

致病症状 罹病的幼虫在幼虫期不表现出症状，化蛹后，从蛹体上长出孢梗束。孢梗束基部米黄色，光滑致密，有分支；端部棒状或珊瑚状分枝，白色至黄白色粉状。孢梗束的高度随蛹茧的大小、入土深度和环境湿度而异，一般10～20毫米，个别高达50毫米。

侵染特性与应用 细脚拟青霉主要通过孢子经体表侵入寄主幼虫体内。在每毫升0.08亿～0.64亿的浓度范围内，该菌对茶尺蠖3～4龄幼虫的防治效果均在80%以上。在4—6月（茶尺蠖第1、2代）及8月下旬至9月（茶尺蠖第5、6代）茶园叶面喷施孢子悬液，防治效果可达75%～100%。

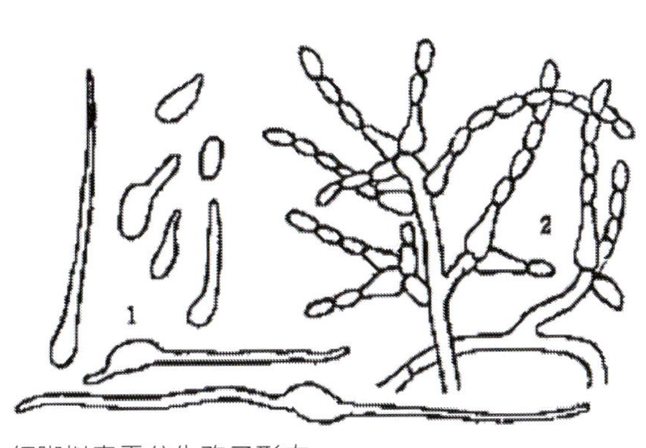

细脚拟青霉分生孢子形态

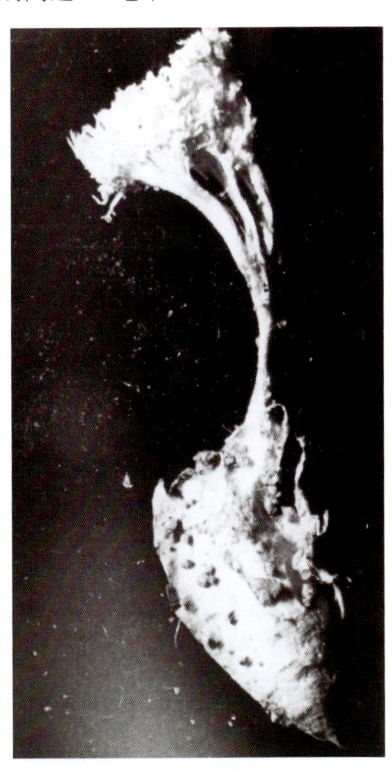
茶尺蠖蛹上长出的细脚拟青霉孢梗束

135 粉虱拟青霉

粉虱拟青霉（*Isaria aleurocanthus* = *Paecilomyces aleurocanthus*），属肉座菌目、虫草菌科、棒束孢属，是一种茶园较常见的虫生真菌，寄主有黑刺粉虱和白粉虱。

分　布 粉虱拟青霉目前已知在浙江、安徽、福建、山东、陕西等省的茶园有分布。

形　态 粉虱拟青霉营养菌丝粗壮，分隔多，扭曲成团，淡棕红色，直径4.3～10.7微米，平均7.6微米。产孢菌丝较细，直径2.1～3.6微米，平均3.3微米，在产孢菌丝上形成分生孢子梗，多由3～6根瓶梗轮状分枝组成，瓶梗大小为（14.2～21.4）微米×（2.1～3.6）微米，平均大小为17.7微米×3.3微米。分生孢子无色，椭圆形或两端稍尖，大小为（6.4～10.7）微米×（2.9～4.3）微米。

致病症状 若虫被寄生后，在虫体体壁四周先长出白色紧结菌丝，然后逐渐出现橘红色菌丝将虫体包埋，有时中间露出蜕皮壳。子座呈橘黄色或橘红色，较疏松，四周长有放射状白色菌丝。通常以菌丝形式在叶背长期宿存。秋季虫尸边缘可见大量灰绿色孢子粉。

侵染特性与应用 粉虱拟青霉主要通过孢子发芽后的芽管入侵寄主体内。在自然界，通过风雨进行传播扩散。当寄主若虫虫口密集、天气阴雨高湿时，易流行。寄生黑刺粉虱全年有2个寄生高峰期，分别是4月上旬至5月中旬和9月中旬至10月中旬。茶园中对黑刺粉虱自然寄生率为27.3%～70.0%。

粉虱拟青霉子座

黑刺粉虱被粉虱拟青霉寄生

白粉虱被粉虱拟青霉寄生

136 蛹草

蛹草（*Cordyceps militaris* Fr.），又称蛹虫草，属肉座菌目、虫草菌科、虫草属，可寄生茶刺蛾、褐刺蛾等多种刺蛾的幼虫和蛹，是一种广谱性的昆虫寄生菌，也是著名的中药材。

分　布 蛹草分布在河北、内蒙古、辽宁、吉林、黑龙江、浙江、安徽、福建、山东、湖北、广东、广西、四川、贵州、云南、西藏、陕西、甘肃和台湾等省份。

形　态 蛹草的子座圆柱状至棒状，大多不分枝，长1.3～6.5厘米，下部棒柄光滑，上部长锤状。子囊壳埋生，卵形，大小为（400～670）微米×（230～370）微米，子囊壳间充满菌丝。子囊大小为（300～420）微米×（3～5）微米，子囊帽宽3.0～3.5微米，高约2微米。次生子囊孢子大小为（2.0～3.5）微米×1.0微米。

茶刺蛾蛹上长出蛹草子座

致病症状 幼虫或蛹被蛹草菌寄生后，逐渐从僵虫或蛹上长出子座。子座一枚到数枚，大小因宿主种类和虫体大小而各异。初生出时为淡黄色，后颜色加深，为橙黄色至橘红色，最后变为淡紫红色。

侵染特性 蛹草菌的寄主范围极广，可以寄生幼虫、蛹，但以蛹最为常见。一般到了夏季，子座从僵虫体中长出。在茶园中，多寄生于入土化蛹的刺蛾，如茶刺蛾、褐刺蛾等。通常在幼虫期侵染，待幼虫结茧后，在老熟幼虫或蛹体中，菌丝迅速生长，待虫体僵化后，长出子座穿出茧壳，并穿出土表。

从茶树根际被寄生的茶刺蛾蛹上长出的蛹草子座

137 球孢白僵菌

球孢白僵菌（*Beauveria bassiana* Vuill），属肉座菌目、虫草菌科、白僵菌属，是一种常见的虫生真菌，寄主广泛，可寄生茶丽纹象甲、小绿叶蝉、茶刺蛾、茶小卷叶蛾、黑刺粉虱等。

分　布　全国均有分布。

形　态　球孢白僵菌的分生孢子梗多着生在营养菌丝上，粗1～2微米，产孢细胞（瓶梗）浓密簇生于菌丝、分生孢子梗或膨大的泡囊上，球形至瓶形，颈部明显延长成粗1微米、长20微米的产孢轴，轴上具小齿突，呈"之"字形弯曲。分生孢子球形或近球形，透明，光滑，直径2～3微米。

致病症状　幼虫或成虫被球孢白僵菌寄生后，虫体逐渐僵硬，并很快死亡。白色菌丝从虫体上长出将虫体包裹，而后从菌丝上长出大量的分生孢子。

侵染特性与应用　球孢白僵菌主要通过孢子接触虫体经体表侵入。可自然寄生多种害虫，致病力高。在湿度大和虫口密度较高的条件下易流行。球孢白僵菌在茶园主要用于防治茶丽纹象甲和茶小绿叶蝉。例如，福建用于防治茶丽纹象甲，防治效果可达95%；云南用于防治小绿叶蝉，防治效果在85%以上。

被球孢白僵菌寄生的茶丽纹象甲

被球孢白僵菌寄生的小绿叶蝉

138 猩红菌

猩红菌［*Nectria flammea*（Tul. & C. Tul.）］，又称蚧生丛赤壳菌，属肉座菌目、丛赤壳科、丛赤壳属，是一种介壳虫的寄生真菌，主要寄主于长白蚧、蛇眼蚧等介壳虫。

分　布 全国均有分布。

形　态 猩红菌的子囊壳大多呈亮色，单个或成簇地着生于介壳虫上，或表生或部分埋生于子座中，或着生于被覆寄主的疏松菌丝层中。子囊柱状至棒状，囊壁薄，含 8 个子囊孢子。子囊孢子椭圆形至梭形，有 1 ～ 3 个隔膜，透明。

致病症状 介壳虫被猩红菌寄生后，虫体逐渐被红色菌体覆盖，颜色鲜艳地附着在枝干上，后逐渐变浅。时间长后，看不清虫体，有时被误认为是茶树枝干病害。

侵染特性 茶园中多见于长白蚧，一般在 5—7 月发生较多。

介壳虫虫体上长出的猩红菌（箭头所指处）

139 茶尺蠖核型多角体病毒

茶尺蠖核型多角体病毒（*Ectropis obliqua* nucleopolyhedroviruses，简称 EoNPV），属杆状病毒科 A 亚组，是茶尺蠖重要的病原天敌，也可感染灰茶尺蠖。

分　　布　EoNPV 最早在安徽茶园中发现，目前在浙江、安徽、湖北等省有报道。

形　　态　EoNPV 的多角体呈不规则三角形、四角形或近圆形，多为四角形，直径为 0.68 ～ 3.30 微米，平均为 1.65 微米。病毒粒子为杆状，大小平均为 61.05 纳米 ×288.95 纳米，为单粒包埋型。

致病症状　茶尺蠖或灰茶尺蠖幼虫感病后，第 3 天起，逐渐出现生长减慢、行动呆滞、食欲减退。患病后期，虫体肿胀，停止取食。濒死幼虫或虫尸常以臀足倒挂于茶树枝干上。病死幼虫体内组织液化，体壁一触即破，流出灰白色或淡褐色脓液，其中含有大量多角体。

侵染特性与应用　EoNPV 主要通过幼虫取食经消化道侵入虫体，在昆虫体内不断增殖、感染，慢慢致宿主死亡。从被幼虫取食至幼虫出现感病症状，有较长的潜伏期，短则需 3 ～ 4 天，长则需 7 ～ 10 天。幼虫虫龄越小，病毒致病力越强。在茶尺蠖第 2、5、6 代 1 ～ 2 龄幼虫期使用 EoNPV 效果最佳，防治效果在 90% 以上。

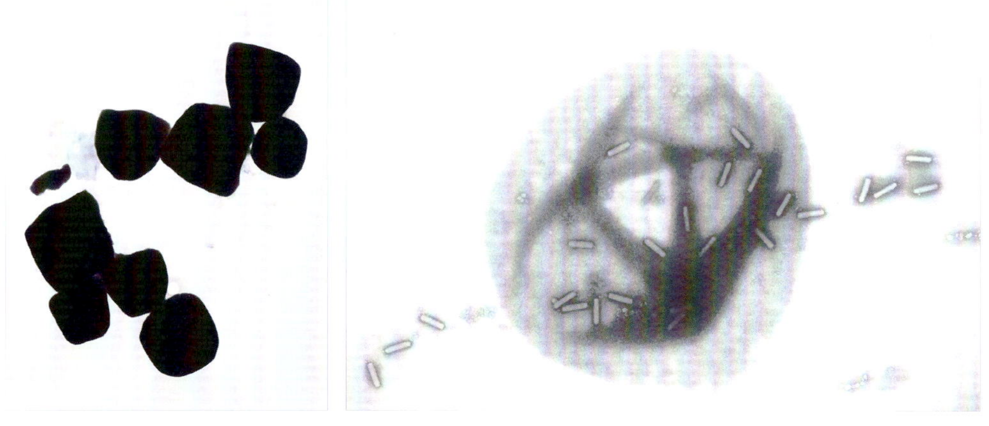

EoNPV 的多角体（透射电镜图）　EoNPV 的病毒粒子（扫描电镜图）

感染 EoNPV 致死的茶尺蠖幼虫虫尸

140
茶毛虫核型多角体病毒

茶毛虫核型多角体病毒（*Euproctis pseudoconspersa* nucleopolyhedroviruses，简称 EpNPV），属杆状病毒科 A 亚组，是茶毛虫重要的病原天敌。

分　　布 全国均有分布。

形　　态 EpNPV 的多角体大多为不规则的多面体，有似三角形、四角形、多角形等形状。EpNPV 的多角体直径为 1.1 ~ 2.1 微米，多数为 1.8 微米。EpNPV 的多角体有 2 种包埋型，即单个粒子包埋型和成束粒子包埋型，后者大都为 2 个粒子成 1 束，也有 1 束含 3 个或 4 个粒子的。在单粒包埋型中，其病毒粒子大小为（299.46±3.75）纳米 ×（43.33±0.46）纳米；在多粒包埋型中，大小约为 297.6 纳米 ×40.6 纳米。

致病症状 感病虫体烦躁不安、食欲减退、行动迟钝，对外界刺激反应缓慢，呈明显的肿胀。感病后期以腹足或尾足紧附叶背或枝干，头部下垂，倒挂死亡，虫尸下端膨大呈袋状。幼虫死亡后，体内组织液化，充满白色脓液，皮肤易碎，一触即破，无臭味。

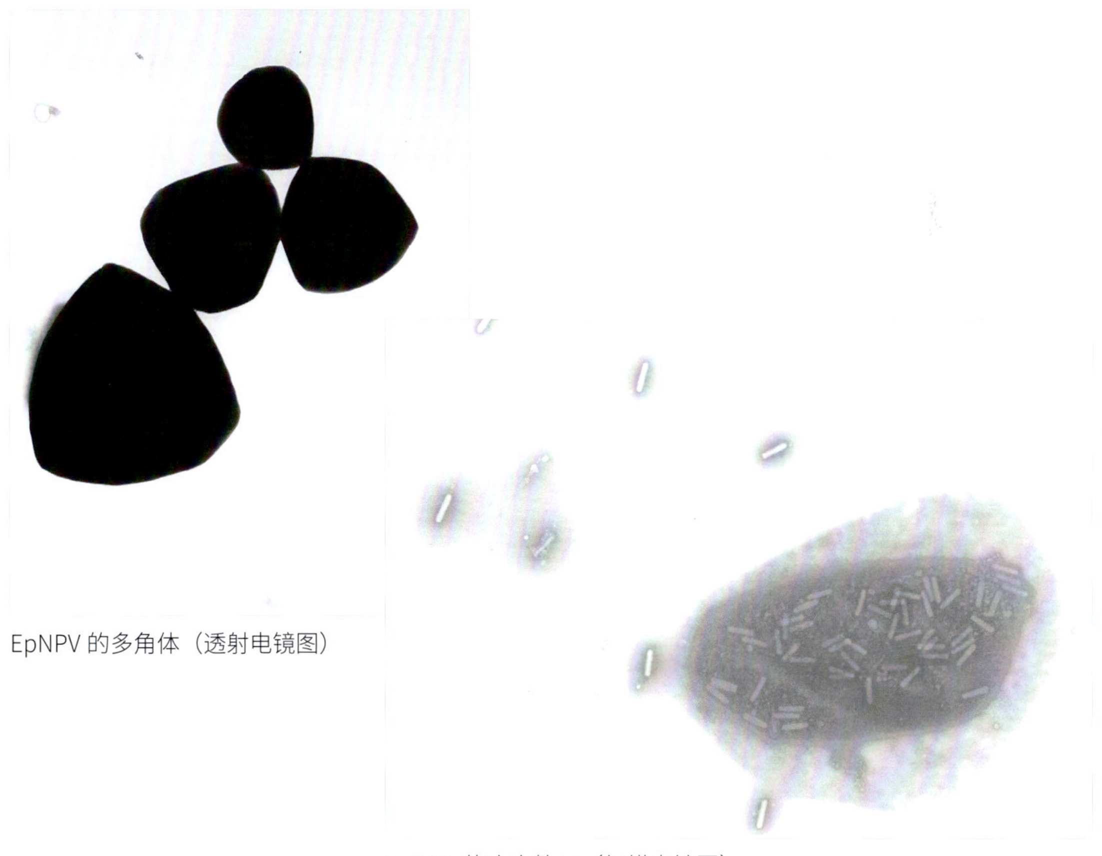

EpNPV 的多角体（透射电镜图）

EpNPV 的病毒粒子（扫描电镜图）

侵染特性与应用 EpNPV 主要通过茶毛虫幼虫取食经消化道侵入虫体，在虫体内不断增殖感染，致使茶毛虫慢慢死亡。从被幼虫取食至幼虫出现症状，有较长的潜伏期。在适宜的条件下，EpNPV 易在茶毛虫种群中引发流行病。茶毛虫幼虫虫龄越小，病毒致病力越强。茶园防治茶毛虫，在 1 ～ 2 龄幼虫期喷施 EpNPV 效果最佳，防治效果在 90% 以上。

感染 EpNPV 的茶毛虫幼虫

茶毛虫感染 EpNPV 后的死亡状

141 茶刺蛾核型多角体病毒

茶刺蛾核型多角体病毒（*Iragoides fasciata* nucleopolyhedrovirus，简称 IrfaNPV），属杆状病毒科 A 亚组，是茶刺蛾重要的病原天敌。

分　布　IrfaNPV 主要分布在江苏、浙江和广西等省份。

形　态　IrfaNPV 的多角体多为六角形或近圆形，直径为 0.7 ～ 1.5 微米，平均为 1.0 微米。IrfaNPV 粒子为杆状，顶端钝圆，大小平均为 45.45 纳米 ×235.12 纳米，为单粒包埋型或单粒、多粒包埋混合型。

致病症状　感染 IrfaNPV 的幼虫，一开始表现为烦躁乱爬，然后慢慢减缓活动和取食，身体渐渐肿胀。病死幼虫体内组织液化，体壁一触即破，流出黄色脓液，其中含有大量多角体。

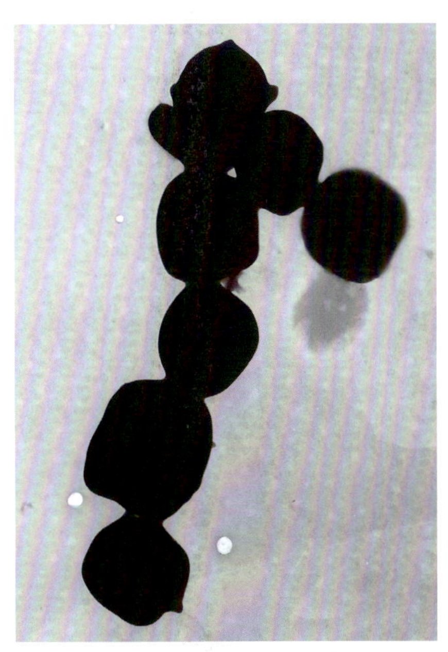

IrfaNPV 的多角体（透射电镜图）

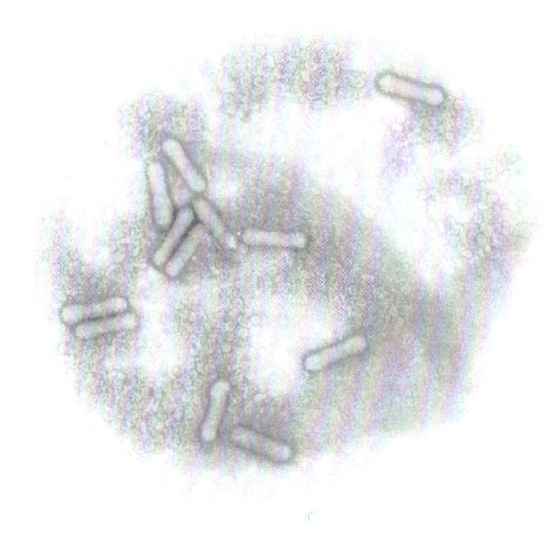

IrfaNPV 的病毒粒子（扫描电镜图）

侵染特性与应用 IrfaNPV 主要通过茶刺蛾幼虫取食侵入虫体，在虫体内不断增殖感染，致使茶刺蛾慢慢死亡。幼虫摄入病毒 5 ~ 7 天后出现感病症状。IrfaNPV 对各龄幼虫均有较高致病力，虫龄越小，病毒致病力越强。自然侵染率较高，一般为 20% ~ 30%。茶园防治茶刺蛾，防治效果在 89% 以上。

感染 IrfaNPV 致死的茶刺蛾幼虫

感染 IrfaNPV 的茶刺蛾幼虫虫体解体

142 茶小卷叶蛾颗粒体病毒

茶小卷叶蛾颗粒体病毒（*Adoxophys prinatana* granulovirus，简称 ApGV），属杆状病毒科 B 亚组，是茶小卷叶蛾重要的病原天敌，也可感染茶卷叶蛾。

分　　布 ApGV 主要分布在浙江、安徽和湖北等省。

形　　态 ApGV 包涵体多呈椭圆形，有的略弯曲，少数为圆形、长形和多边形，大小约为 360 纳米 ×200 纳米。每个包涵体一般有 1 个短杆状稍弯曲的病毒粒子，偶有 2 个，大小约为 300 纳米 ×110 纳米。

致病症状 罹病幼虫食欲减退，体节脓肿肥大有光泽，体色变成白色至黄白色，在化蛹前死亡，表皮易破，流出黄白色脓液。

侵染特性与应用 ApGV 主要通过茶小卷叶蛾或茶卷叶蛾幼虫取食侵入虫体。感染病毒的幼虫 8 ～ 9 天表现症状，感病虫历时 15 ～ 40 天死亡。ApGV 在各代的小卷叶蛾中均具有较强的感染力。各龄幼虫对 ApGV 都很敏感，尤以 3 龄以下幼虫敏感性最强。盛卵期喷洒病毒后至 43 天调查，仍有 91% 幼虫罹病。

感染 ApGV 的茶卷叶蛾幼虫（化蛹前死亡）

143 大草蛉

大草蛉［*Chrysopa pallens*（Rambur）］，属脉翅目、草蛉科，是茶园较常见的捕食性天敌，主要捕食茶蚜、叶螨、鳞翅目害虫卵和低龄幼虫。

分　　布 我国各产茶区均有分布。

形　　态 大草蛉成虫体长 13 ~ 15 毫米，黄绿色，触角丝状、细长。翅淡绿色透明，停息时呈屋脊状。卵长椭圆形，草绿色，有一线状长柄与枝（叶）相连，常 10 ~ 30 粒聚集在一起像一丛花蕊。幼虫长纺锤形，长 10 ~ 12 毫米，中部较宽，后端急细，较扁平，淡黄褐色，头部有一钳状口器。茧近圆形，长径约 5 毫米，白色丝质，较致密。

习　　性 大草蛉在长江中下游茶区，一般 1 年发生 3 代，以蛹（茧）在茶树叶片上越冬。每年 4—5 月和 10 月发生最多。成虫和幼虫均能捕食害虫。一般 1 头成虫能捕食茶蚜 2000 余头，1 头幼虫能捕食茶蚜 600 ~ 900 头。幼虫捕蚜时将口器猛刺蚜体，迅速举于空中吸食，速度快且凶猛，故又称蚜狮。幼虫老熟时，爬至叶片卷皱处或枝椏间吐丝结茧，化蛹于其中。

大草蛉成虫

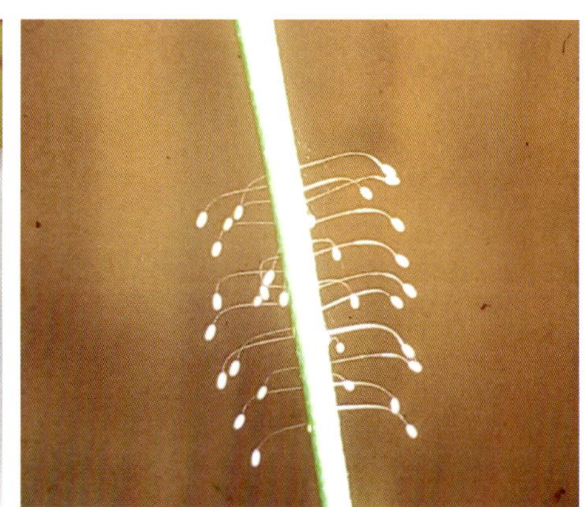

大草蛉卵

大草蛉幼虫

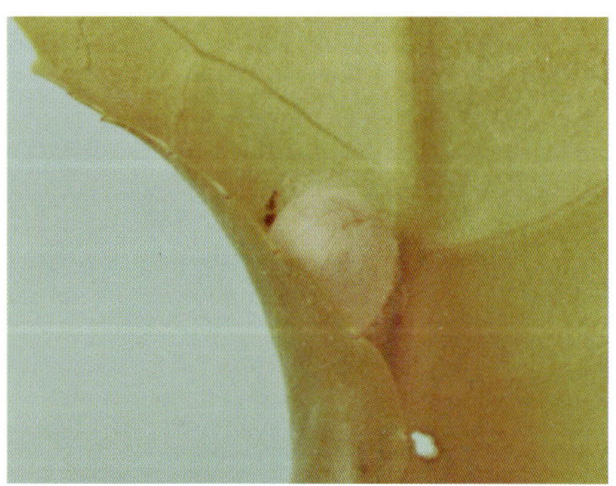

大草蛉茧

144
中华草蛉

中华草蛉［*Chrysoperla sinica*（Tjeder）］，又名中华通草蛉，属脉翅目、草蛉科，是一种较常见的捕食性天敌，主要捕食叶蝉、蜡蝉、蓟马、蚧、螨和鳞翅目低龄幼虫。

分　布　我国主要产茶区均有分布。

形　态　中华草蛉成虫体长 9 ～ 10 毫米，体黄绿色，胸、腹部背面有黄色纵带。头部黄白色，两颊及唇基两侧各有一黑色条纹。触角灰黄色，丝状，细长。足黄绿色。翅透明较窄，端部尖，翅痣黄白色。翅脉黄绿色，脉上有黑色短毛。卵椭圆形，绿色，常具一丝状柄。幼虫纺锤形，成熟幼虫体长 7.0 ～ 8.5 毫米，头部具倒“八”字形褐斑，头两侧有褐色纹；体背中线明显，两侧大多有波状的紫褐色纵带，并杂以黄白色毛瘤，瘤上具多根刚毛。茧长椭圆形，长径 3~4 毫米，白色，表面光滑无杂物。

中华草蛉成虫

中华草蛉幼虫（背负猎物空壳）

习　　性 中华草蛉在安徽、湖南和湖北等地1年发生5～6代，以成虫越冬。越冬时，成虫体色由绿色变为黄绿色再变为褐色，最后变为土黄色，体色由绿变黄为越冬的标志。成虫飞翔力强，有较强的趋光性;可取食花蜜，捕食多种虫卵和鳞翅目低龄幼虫，也可捕食自身的卵粒，但不取食蚜虫。成虫羽化后经2～4天达到性成熟，一次交尾可多次产受精卵；未交尾的雌虫亦可产少量的未受精卵，其卵始终保持绿色，不能孵化。卵散产，常具丝状柄，但成虫后期也产不具丝状柄的卵或未受精的卵。幼虫孵化后先在卵壳上停留，然后沿丝状柄爬到植物上觅食；幼虫活动能力很强，捕食后常将猎物的空壳粘在背部；捕食量随龄期的增长而逐渐加大；具较强的自残习性。幼虫老熟后，多在有皱褶的叶背处吐丝结一薄茧化蛹。

中华草蛉幼虫取食蓟马若虫

中华草蛉卵

145 黑带食蚜蝇

黑带食蚜蝇（*Epistrophe balteata* De Geer），属双翅目、食蚜蝇科，是蚜虫的主要捕食性天敌，以幼虫捕食茶蚜及其他各种蚜虫。

分　布 黑带食蚜蝇分布在江苏、浙江、福建、江西、广东、广西、四川、贵州、云南等省份。

形　态 黑带食蚜蝇成虫体长8～11毫米，翅展约20毫米。头部棕黄色，复眼红褐色，中胸背面有4条黑色纵纹。腹部较细长，背面棕黄色，上有粗细不一的黑色横带。翅1对，翅脉黄色至黑褐色。卵圆筒形，近白色，一端略小，有瓜蒂状痕迹。幼虫蛆状，头端小，末端稍大，肉白色略透明，体背常透见体内纵向的黑色斑块与红色内藏物。蛹为围蛹，灰白色，头端膨大，末端急细，长约6毫米，上有3～4条粗细不一的横纹。

黑带食蚜蝇成虫（背面）

黑带食蚜蝇成虫（侧面）

习　性 在长江中下游茶区，茶蚜发生严重时黑带食蚜蝇发生也最多。成虫取食花粉与花蜜，雌成虫常在有茶蚜的嫩梢附近飞舞，产卵于蚜群附近或蚜群中，每处产1～3粒。幼虫孵化后即捕食周围茶蚜，以口器抓住蚜体，举于空中，猛吸其体液。幼虫每天能捕茶蚜120头，整个幼虫期可捕食茶蚜840～1500头。幼虫老熟时排出一团漆黑的粪便（干燥后在叶片或嫩茎上留下黑色油漆状的不规则斑块）后，爬至叶片或枝干的适合部位化蛹。

黑带食蚜蝇幼虫

黑带食蚜蝇蛹

146
狭带食蚜蝇

狭带食蚜蝇（*Syrphus serarius* Wiedemann），属双翅目、食蚜蝇科，是蚜虫的主要捕食性天敌。在茶园中，以幼虫捕食茶蚜为主，在茶蚜缺乏时也捕食鳞翅目幼小幼虫。

狭带食蚜蝇成虫

分　布　狭带食蚜蝇分布在江苏、浙江、福建、江西、四川、贵州、云南、台湾等省。

形　态　狭带食蚜蝇成虫体长10～11毫米，翅展约20毫米。头部、背部后缘有一圈黄褐色毛，复眼暗红褐色，触角近黑色，中胸背面黑绿色，正中有3条不明显的纵纹。腹部背面黑色，第2～4节背面近前缘各有1条灰白色至黄白色的横带，横带两端较宽。翅1对，透明，翅脉黑褐色。卵长圆筒形，近白色，一端略小，有瓜蒂状痕迹。幼虫蛆状，无足，头端小，后端渐大，白色至灰白色；老熟时体长10～15毫米，体背中后部有向前上方呈弧形的肉片状凸起。蛹为围蛹，头端膨大，长约6毫米，黄褐色至浅黑褐色，背面有3条中部向前凸出的横纹。

狭带食蚜蝇幼虫

习　性　在长江中下游茶区，每年4—5月和9—10月发生较多。成虫取食花粉与花蜜，雌成虫常在有茶蚜的嫩梢附近飞舞，产卵于蚜群附近或蚜群中，一般每处产1粒。幼虫孵化后即捕食周围茶蚜，以口器抓住虫体，举于空中，猛吸其体液，待体液吸干后扔掉皮壳，并继续捕食。幼虫共3龄，3龄幼虫每天能捕食茶蚜100～200头。幼虫老熟时排出一团漆黑液体状粪便（残留于叶片上）后，爬至适合的枝叶上化蛹。

狭带食蚜蝇蛹

147 大灰优蚜蝇

大灰优蚜蝇［*Eupeodes corollae*（Fabricius）］，属双翅目、食蚜蝇科，是一种捕食性天敌，以幼虫捕食蚜虫和蚧类。

分　布 大灰优蚜蝇分布于江苏、浙江、福建、江西、山东、河南、湖北、湖南、广西、四川、贵州、云南、西藏、陕西、台湾等省份。

形　态 大灰优蚜蝇成虫体长 9 ～ 10 毫米。头部除头顶区和颜部正中棕黑色外，大部分均为棕黄色。中胸背板暗绿色，小盾片棕黄色。腹部背面底色为黑色，第 2 ～ 4 背板各具大形黄斑 1 对。雄成虫第 3、4 背板黄斑中间常相连接，第 4、5 背板后缘黄色，第 5 背板大部分为黄色，露尾节大，亮黑色。雌成虫第 3、4 背板黄斑完全分开，第 5 背板大部分为黑色。卵长圆形，两头稍尖，刚产下时白色，快孵化时变为淡黄色或淡黄褐色。幼虫蛆状、无足，头端小，后端渐大，体两侧有刺突，灰褐色至黄褐色，老熟幼虫体长 9 ～ 12 毫米。蛹为围蛹，头端略膨大，长约 5.5 毫米，黄褐色至浅黑褐色，表面有小的刺突，背面有 3 条不连续的纵纹。

习　性 大灰优蚜蝇 1 年发生 3 ～ 7 代，不同地区代数差别较大。主要以蛹在表土中越冬、越夏。成虫飞行力强，喜食花蜜，羽化后 1 天即可交尾，有多次交尾多次产卵的现象。卵散产，多产于有蚜虫的叶片上或附近。初孵幼虫在食物缺乏时有自残习性。春、秋季世代的幼虫，在叶片和土表化蛹，越冬和越夏的幼虫则需入土化蛹。

大灰优蚜蝇成虫交尾

大灰优蚜蝇成虫（雌）

大灰优蚜蝇成虫（雄）

148 蜾蠃蜂

蜾蠃蜂（*Eumenes* sp.），属膜翅目、蜾蠃蜂科，是茶树害虫的捕食性天敌，主要捕食尺蠖类、卷叶蛾等鳞翅目幼虫。

分　布 蜾蠃蜂分布在江苏、浙江、福建、江西、广东、广西、四川、贵州、云南等省份。

形　态 蜾蠃蜂成虫体长约15毫米，翅展约24毫米，体黑色。触角丝状，末端略大。腹柄节细长呈棍棒状，第2腹节膨大，向后渐细呈圆锤形，各腹节后缘有粗细不一的黄色横纹。翅2对，乳白色略带褐色半透明，翅脉黑褐色，翅痣深褐色。幼虫蛆状、无足，较肥胖、弯曲，乳白色至淡棕黄色。泥巢为石榴形，土黄色。

习　性 蜾蠃蜂一般1年发生2代，以春、秋季发生较多。雌成虫首先在茶树枝叶、其他植物或房屋墙壁上筑一石榴状泥巢，上端有开口。然后捕捉鳞翅目幼虫并随即注入毒液，使其麻痹但不腐烂，从泥巢开口处放入巢内。当放入巢内的幼虫数量足够后，产1粒卵于其中，衔泥封口。巢内蜂卵孵化后，取食被麻痹的幼虫，老熟后化蛹，成蜂羽化后，在巢上咬1个孔飞出。

蜾蠃蜂幼虫和泥巢（左：幼虫，中：泥巢，右：成虫未产卵的泥巢）

蜾蠃蜂在茶枝上所筑泥巢

149 墨胸胡蜂

墨胸胡蜂（*Vespa velutina* Lepeletier），属膜翅目、胡蜂科，是较常见的捕食性天敌，主要捕食茶尺蠖、茶银尺蠖等鳞翅目昆虫。

分　布　墨胸胡蜂主要分布在浙江、安徽、福建、江西、广东、四川、云南、西藏和陕西等省份。

形　态　墨胸胡蜂是社会性昆虫，其群体由雌蜂、职蜂、雄蜂组成。雌蜂头部略窄于胸部，两触角窝之间呈三角平面隆起，棕色。颊部上部1/3为墨色，下部2/3为棕色。上颚粗壮，红棕色，端部黑色。胸部均黑色，翅棕色。前足基节前缘内侧棕色，其余黑色，转节、股节黑色，外侧略带棕色。中足、后足转节和股节均呈黑色。腹部第1～3节背板黑色，仅端部边缘有1条棕色窄边，第2节棕色带明显，第4节背板端部边有一中央凹陷的棕色宽带，第5、6节背板均暗棕色。第2、3节腹板黑色，边缘有一较宽的中央略凹陷的棕色横带；第4、5、6节腹板均暗棕色。职蜂、雄蜂形态特征与雌蜂基本一致。蜂巢多呈近圆形或梨形，巢壳轻质、易碎，外表大多呈虎皮花纹状，直径15～40厘米，以20～35厘米居多。

墨胸胡蜂成虫

墨胸胡蜂蜂巢

习　　性 墨胸胡蜂成蜂主要采食瓜果和花蜜，捕食的昆虫经过咀嚼成肉泥，用以喂养幼虫。墨胸胡蜂体大，飞翔力强，捕食凶狠，是茶园重要的捕食性天敌之一。但是它具有蜂毒，一旦袭人，会造成人员伤害。

茶丛中的墨胸胡蜂和蜂巢

墨胸胡蜂蜂巢内部结构

150 绿点益蝽

绿点益蝽（*Picromerus viridipunctatus* Yang），属半翅目、蝽科、益蝽亚科、益蝽属，是一种茶园较常见的捕食性天敌，若虫和成虫均能捕食，主要捕食多种鳞翅目害虫的幼虫。

分　布　绿点益蝽分布于安徽、浙江、江西、湖南、湖北、广东、广西、四川、贵州、山西、湖北等省份。

形　态　绿点益蝽成虫近椭圆形，体长 12.0 ～ 15.5 毫米，体宽 6.2 ～ 10.0 毫米。体背面略隆起，淡黄褐色，有光泽，散布刻点。触角第 1 节黄褐色；第 2、3、4 节基部黄色，端部黑褐色。前胸背板上有一白色中线，从前胸背板的前缘起直至小盾片的末端。前侧缘有较宽的乳白色边，边缘锯齿状；侧角呈尖角状，末端分叉，前支长于后支；小盾片前缘两侧尖角处具深凹，呈黑色，其内侧各有一白斑。体腹面淡黄褐色，中线处第 2、3、4、5 节各有一倒圆锤形黑斑，向后由小到大排列。足基节、转节、腿节基部和胫节中部黄褐色。卵圆桶形，直径 0.8 毫米，乳黄色，有金属光泽，上端有 1 圈黑色皇冠状纹。若虫共有 5 龄。1 龄若虫红褐色，近圆形，体背显著隆起，体长 1.2 ～ 1.5 毫米。2、3 龄若虫体形增大，体色略变浅。4 龄若虫红褐色，体形略变长，体背无斑纹。5 龄若虫体椭圆形，黑褐色，体长 8 ～ 10 毫米，体背面略隆起；前胸背板前侧缘乳白色；触角端部两节的基部黄白色；足胫节中部乳白色，后足上的最长；小盾片基部两端各有一白斑。

绿点益蝽成虫

绿点益蝽卵

绿点益蝽若虫（低龄）

习　性　绿点益蝽在杭州1年发生4代，有明显的世代重叠。第1代若虫和成虫出现在5月中旬至8月中旬，第2代出现在7月上旬至9月下旬，第3代出现在8月中旬至10月下旬，第4代出现在10月上旬至12月下旬，以成虫越冬，至翌年5月开始产卵。1龄若虫喜群集在一起，2～3龄少量群集，4龄起分散捕食。成虫喜产卵于茶树枝干或茶叶背面，数十粒排列在一起。在7—11月自然温度条件下，卵期、若虫期、成虫期分别为9.1～9.7、23.4～28.0、22.5～26.6天，单雌平均产卵量133粒。绿点益蝽捕食对象较广，可捕食尺蠖、刺蛾、斑蛾等多种茶园害虫。捕食时喙可从猎物的胸部、腹部多个部位插入。偶尔也会吸食茶树叶片汁液，但对茶叶不造成为害。

绿点益蝽若虫（高龄）

绿点益蝽成虫捕食茶尺蠖

绿点益蝽成虫捕食卷叶蛾

绿点益蝽若虫捕食茶刺蛾

151 益蝽

益蝽（*Picromerus lewisi* Scott），属半翅目、蝽科、益蝽亚科、益蝽属，是一种较常见的捕食性天敌，若虫和成虫均能捕食，主要捕食尺蠖、刺蛾、斑蛾等多种鳞翅目害虫的幼虫。

分　布 益蝽分布于福建、陕西、山东、河南、江苏、安徽、浙江、湖南、湖北、海南、广西、广东、四川、贵州、云南等省份。

形　态 益蝽成虫体长 10.5 ～ 15.5 毫米，体暗棕色，虫体背面较平整，头部和前胸背板的前区颜色更深。小颊较高，刻点 4 ～ 6 列，下缘弧形。前胸背板侧角稍呈二叉状，后支仅有 1 个小的凸起，体背面具黄斑，侧接缘黄黑相间，膜片远伸出腹部末端。小盾片基部黑褐色，基角具有微黄色斑，端部钝圆，末端微白色。腹面两侧的碎黑斑连接成不规则带状，腹节第 3 节至第 6 节中央各有 1 个三角形暗黑斑，最后一节黑斑最大。中足和后足的腿节基部浅黄褐色，端部黑色，胫节基部与端部黑色，中间浅黄褐色。卵圆桶形，暗黄色，有金属光泽，上端有 1 圈黑色皇冠状纹。若虫共有 5 龄。1、2 龄若虫扁圆形，红褐色；3 龄若虫体形增大，长椭圆形，体色变黑；4 龄若虫浅褐色，体形略变长；5 龄若虫体椭圆形，黑褐色，翅芽明显，前胸背板前侧缘乳白色，小盾片基部两端各有 1 个白斑。

益蝽成虫（侧面）

益蝽成虫（背面）

习　性 益蝽在各茶区的发生代数不详，在东北地区1年发生2代，以卵越冬。可捕食多种茶园害虫，如茶尺蠖、灰茶尺蠖、茶斑蛾、斜纹夜蛾、茶刺蛾等。1龄若虫喜群集在一起，2～3龄少量群集，4龄起分散捕食。成虫产卵喜产于茶树枝干或茶叶背面，数十粒排列在一起。益蝽在生长阶段也会偶尔取食茶树，但对茶树不造成为害。

益蝽捕食灰茶尺蠖

益蝽捕食茶斑蛾

益蝽捕食茶刺蛾

152 曙厉蝽

曙厉蝽［*Eocanthecona concinna*（Walker）］，又名厉蝽、海南蝽，属半翅目、蝽科、益蝽亚科，是华南茶区常见的一种捕食性天敌，主要捕食尺蠖、刺蛾、茶蚕、斑蛾等多种鳞翅目害虫的幼虫。

分　布 曙厉蝽分布于河南、浙江、江西、湖南、福建、台湾、广东、广西、四川、重庆、贵州、云南、海南、西藏等省份。

形　态 曙厉蝽体宽卵圆形，雌成虫体长 14.0 ～ 16.5 毫米，雄成虫体长 11.5 ～ 14.5 毫米，体宽 5.5 ～ 8.0 毫米。体背棕褐色，具不规则黄斑。前胸背板前侧缘前半有小锯齿，侧角色深至黑褐色，平伸，二叉状，两支近相等且末端均圆钝。小盾片末端黄白色，基侧角各有 1 个椭圆形黄斑。膜片远超过腹部末端，两侧缘中央各有 1 个透明白斑。前足股节末端有一黑刺；胫节极度膨大，扩展部分远大于胫节其他部分，内侧中央有一短刺。前足股节末端及胫节，中足、后足股节末端及胫节两端均黑色。中胸腹板黑色。各基节外侧具棕褐色斑，带绿色光泽。腹部基部具刺突，伸至后胸基节之间，第 7 腹节中央有一大黑斑。卵短圆筒形，黑褐色，直径 0.7 毫米，高 1.0 毫米。若虫共 5 龄。1 龄若虫体梨形，淡红黄色，体长 1.2 毫米，体宽 1.0 毫米。头黑色，胸背黑色，腹背中央有 6 个横行黑斑，侧缘各有 7 个黑斑。3 龄若虫前足胫节明显扩大。5 龄若虫体长 8 ～ 11 毫米，体宽 5 ～ 7 毫米，前胸背板后部中央有一近长方形横黑斑，正中有一红色纵线，与黑色的小盾片中线串通，翅芽黑色达腹部第 3 节前端，腹部背中各节连接处有黑斑，侧缘各节中部有黑斑 1 对，末节 1 对与尾端相连。

习　性 曙厉蝽在广州 1 年发生 7 代，有明显的世代重叠，无真正越冬现象。成虫羽化后经 4.5 天开始交配，交配后 3 ～ 4 天即产卵。若虫孵化后在卵块附近群集栖息。1 ～ 2 龄若虫群集明显，龄期增大后逐渐分散。1 龄若虫只取食植物汁液，2 龄起开始捕食昆虫。成虫每日可猎食昆虫幼虫数头至数十头，并略取食植物汁液。若虫与茶尺蠖幼虫益害比为 1:10 时，控害效果达 34.17%。

曙厉蝽成虫

曙厉蝽若虫

曙厉蝽若虫捕食淡黄刺蛾幼虫

153 黑曙厉蝽

黑曙厉蝽［*Eocanthecona thomsoni*（Distant）］，又名黑厉蝽，属半翅目、蝽科、益蝽亚科，是一种捕食性天敌，主要捕食尺蠖、刺蛾等鳞翅目害虫的幼虫。

分　　布　黑曙厉蝽主要分布于浙江、湖北、江西、广西、福建、四川、贵州等省份。

形　　态　黑曙厉蝽体长椭圆形，向后渐尖。雌成虫体长 13.5 ～ 17.5 毫米，雄成虫体长 11.8 ～ 13.5 毫米，体宽 6 ～ 7 毫米。体棕黑色，头、前胸背板前部、侧角、小盾片周缘及身体下方的一些斑点常具金绿色光泽。前胸背板前侧缘颗粒状，侧角末端圆钝，无缺刻，不成二叉状，棕黑色，最末端红棕色。小盾片基角有一小黄斑，末端有一黄白色的半圆斑。膜片远超过腹部末端，两侧缘亚端部各有一透明白斑。前足胫节膨大，扩展部分约等于胫节其他部分，其边缘弧度较大。前足胫节黑色，中足、后足胫节中段黄白色。前胸、中胸腹板黑色。各基节外侧具黑色深刻点，带绿色光泽。腹部基部具刺突，超过后足基节后缘，第 7 腹节中央有一大黑斑。侧接缘黄黑色相间。

习　　性　目前对黑曙厉蝽的研究较少，习性不详。在浙江杭州茶园中成虫多见于 7—9 月。

黑曙厉蝽成虫

黑曙厉蝽捕食灰茶尺蠖

154 军配盲蝽

军配盲蝽（*Stethoconus japonicus* Schumacher），又名日本军配盲蝽，属半翅目、盲蝽科，是一种捕食性天敌，主要捕食茶网蝽、悬铃木方翅网蝽等网蝽类害虫。

分　　布　军配盲蝽主要分布于四川、重庆、贵州、湖北、湖南、浙江、上海等省份。

形　　态　军配盲蝽成虫体长3～4毫米，体宽约1.5毫米，体黑褐色；头顶浅褐色，复眼黑色；触角浅褐色，各节上端深褐色，第2节特别明显。前胸背板上密生刻点，有浅褐色*形斑纹；小盾片呈三角形凸起；前翅中前部有1条黑色不规则横纹斑，上下有白斑。雌成虫腹面有浅褐色斑，雄成虫腹部末端略尖削，体形略小，腹面全黑。卵白色，形似黄瓜，略弯曲，长约0.7毫米，宽约0.2毫米，多产于叶背主脉两侧的叶肉中，卵盖白色弯曲。若虫共5龄。初孵若虫淡红色，体长0.6～0.8毫米。2龄翅芽显露，翅芽淡褐色，端部发白。随虫龄增长虫体红色逐渐减退，末龄若虫近灰白色，体被白色细毛，羽化前小盾片乳白色。

习　　性　军配盲蝽在四川1年发生3代，以卵在叶组织内越冬。各代成虫发生期分别为5月中旬至7月上旬、7月中旬至9月中旬、9月中旬至11月上旬。初孵若虫一天后开始取食，3龄后食量增大。若虫对茶网蝽的捕食量随着龄期的增长而增加。成虫的捕食量大于若虫，雌虫的捕食能力强于雄虫。军配盲蝽一生可捕食茶网蝽140头左右。成虫飞翔力较强，作“之”字形飞行。羽化后6～12天开始交尾，能多次交尾，交尾后一天左右开始产卵，未交尾雌成虫能产卵但所产卵不能孵化。该虫抗逆性差，有避光性，不耐寒，但耐饥力较强。成虫、若虫在食物和水分缺乏时，存在严重的自残现象。

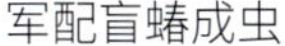

军配盲蝽成虫

军配盲蝽若虫

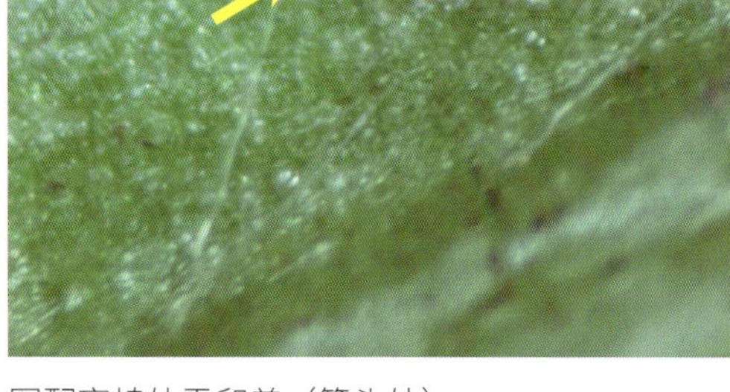

军配盲蝽外露卵盖（箭头处）

军配盲蝽卵

军配盲蝽成虫（上）捕食茶网蝽成虫（下）

155 红点唇瓢虫

红点唇瓢虫（*Chilocorus kuwanae* Silvestri），属鞘翅目、瓢虫科，是常见的捕食性天敌，主要捕食长白蚧、椰圆蚧、蛇眼蚧、矢尖蚧等盾蚧类害虫。

分　布 我国各产茶区均有分布。

形　态 红点唇瓢虫成虫近圆形，背面呈半球形拱起，体长约 4 毫米，体宽约 3 毫米。头部、前胸背板、小盾片黑色。鞘翅黑色，中央各有 1 个橙红色圆斑。卵长椭圆形，长约 1 毫米，初为淡黄色，后渐变为橙黄色，孵化前变为暗色。幼虫棕红色至棕黑色，长椭圆形，背面拱起，上有 6 列黑色刺突，刺突上生黑色小枝。老熟幼虫体长 4 ～ 6 毫米。蛹圆锤形，头端膨大，后端急尖。背面隆起，黑褐色，上有黄色横向宽纹，四周残存幼虫蜕皮壳。

习　性 红点唇瓢虫 1 年发生 4 代，以成虫越冬。翌年 3 月开始活动，4 月上旬开始产卵，卵产于有寄主的枝叶上，每处一粒至数粒不等。幼虫孵化后即活动取食。一般 3 ～ 4 龄幼虫每头每天可捕食椰圆蚧约 20 头，每头成虫可捕食 30 余头。幼虫共 4 龄，老熟后爬至茶树枝干或叶背面化蛹。每年以 5—7 月和 9 月发生最多。

红点唇瓢虫成虫

红点唇瓢虫卵

红点唇瓢虫幼虫

红点唇瓢虫蛹

156 黄斑盘瓢虫

黄斑盘瓢虫（*Coelophora saucia* Mulsant），属鞘翅目、瓢虫科，是一种捕食性天敌，主要捕食茶蚜等害虫。

分　布 黄斑盘瓢虫分布在浙江、福建、山东、湖南、广东、广西、贵州等省份。

形　态 黄斑盘瓢虫成虫体长5.8～6.8毫米，体宽4.8～6.0毫米，虫体近圆形。基色黑色，头部橙黄色（雄）或黑色（雌），复眼黑色。前胸背板从肩角延至后缘各有1个橙黄色大斑。鞘翅中央在外线与中线间有椭圆形橙黄色斑，缘折（鞘翅四周边缘向上折起）较宽且平缓。卵长纺锤形，初为淡黄色，后为鲜黄色，表面光亮，长约1.7毫米。老熟幼虫体长9～10毫米。幼虫体黑色，中胸、后胸背面各有1个橘红色斑块，后胸两侧各有1个橘红色毛瘤。腹部第1、5节两侧各有2个橘红色毛瘤，腹部第4、7节后侧为橘红色。胸足3对。蛹近卵形，背面拱起，红褐色，近头端和末端各有1对圆形黑斑，中前部有2对圆形黑斑，中后部有1对倾斜的大椭圆形黑斑横列。

习　性 黄斑盘瓢虫一般1年发生2代。成虫常在树皮下和建筑物缝隙内以群集形式越冬。成虫每天捕食蚜虫近百头，幼虫捕食量随着虫龄的增长而增大。成虫羽化后1周内捕食量较小，雌成虫交尾后随着卵巢的发育，取食量猛增，于产卵高峰期最大。成虫和幼虫均有自相残杀的习性。

黄斑盘瓢虫成虫

黄斑盘瓢虫幼虫

黄斑盘瓢虫蛹

157 束小瓢虫

束小瓢虫［*Scymnus*（*Pullus*）*sodalis*（Weise）］，属鞘翅目、瓢虫科，是一种捕食性天敌，主要捕食椰圆蚧、粉蚧等害虫。

分　布 束小瓢虫分布在江苏、浙江、福建、广东、海南、四川、贵州、甘肃、台湾等省。

形　态 束小瓢虫成虫体长 1.7 ～ 2.4 毫米，体宽 1.3 ～ 1.7 毫米，短椭圆形。头部、前胸背板黄褐色，鞘翅黑褐色，末端黄褐色。幼虫近椭圆形，较扁平，背面有 10 多条横向排列紧密略弯曲的白色蜡质絮状物遮住虫体。蛹黄褐色至红褐色，背面拱起，尾端略小。头端和两侧残存幼虫期的白色蜡质絮状物。

习　性 束小瓢虫在椰圆蚧发生严重的茶园中多见。成虫产卵于有椰圆蚧的茶树叶片背面，幼虫孵化后即能捕食，老熟后于叶背化蛹。每年于春、秋两季发生较多。

束小瓢虫成虫

束小瓢虫幼虫

束小瓢虫蛹

158 七星瓢虫

七星瓢虫（*Coccinella septempunctata* Linnaeus），属鞘翅目、瓢虫科，是一种常见的捕食性天敌，主要捕食蚜虫。

分　布 全国均有分布。

形　态 七星瓢虫成虫卵形，背面拱起，体长 7 ～ 8 毫米，体宽 5 ～ 6 毫米。头黑色，密布微细刻点，复眼两侧各有 1 个乳黄色斑。前胸背板黑色，两前缘角各有 1 个四边形大乳黄色斑。小盾片黑色，三角形。鞘翅橙黄色或橙红色，上有 7 个黑色斑纹，其中小盾片下的色斑被鞘缝分成两半。卵长椭圆形，黄色，成簇产于叶片上。幼虫体黑色，2 龄幼虫腹背第 1 节两侧各有 1 对橙黄色毛瘤；3 龄幼虫腹背第 1、4 节两侧各有 1 对橙黄色毛瘤，但第 4 节外边 2 个毛瘤不甚明显；4 龄幼虫腹背第 1、4 节各有 4 个明显的橙黄色毛瘤。前胸背板两侧各有黄点 2 个。胸足 3 对。

习　性 七星瓢虫在四川 1 年发生 5 代。幼虫有 4 龄，1 龄幼虫每天捕食蚜虫约 10 头，2 龄约 37 头，3 龄约 60 头，4 龄约 120 头，成虫每天捕食蚜虫 130 多头。成虫和幼虫均有自相残杀的习性。

七星瓢虫成虫

七星瓢虫卵

159
异色瓢虫

异色瓢虫［*Harmonia axyridis*（Pallas）］，属鞘翅目、瓢虫科，是一种常见的捕食性天敌，主要捕食蚜虫、介壳虫、蛾类的卵及低龄幼虫、叶甲幼虫等。

分　　布　全国均有分布。

形　　态　异色瓢虫成虫体长 5.4 ～ 8.0 毫米，体宽 3.8 ～ 5.2 毫米，呈半球形。体色变化大，有黑色型（黑底黄斑）和黄褐色型（黄褐底黑斑）2 种。鞘翅末端处有 1 条横脊线。黄褐色型的前胸背板有 M 形黑纹或者有 4 个黑色斑纹。鞘翅从没有斑纹至最多有 19 个黑色斑纹。黑色型前胸背板两侧有淡黄色大斑 1 个。黑色鞘翅上有黄褐色或大红色斑纹，从最少 2 个至最多数个斑纹。卵椭圆形，长约 1.2 毫米，黄色，接近孵化时颜色变深。卵块簇状排列，由数个至数十个卵组成。

异色瓢虫成虫（不同色斑型）

幼虫体长 9 ～ 10 毫米，黑褐色，中胸、后胸背面有叉状凸起。老熟幼虫第 1 ～ 5 腹节侧面有橘红色毛瘤。第 4、5 腹节背面有 1 对乳黄色毛瘤。具胸足 3 对。蛹近卵形，背面拱起，红褐色，上有 2 列大小不一的椭圆形黑色斑块。

习　性 异色瓢虫在安徽 1 年发生 3 代，以成虫越冬。幼虫有 3 ～ 4 龄。老熟幼虫每天可捕食蚜虫 70 ～ 80 头，成虫每天可捕食蚜虫 100 多头。除蚜虫外，还捕食介壳虫、木虱等其他害虫，也会捕食食蚜蝇幼虫等。此外，还能捕食其他瓢虫，食物不足时会自相残杀。

异色瓢虫卵

异色瓢虫低龄幼虫

异色瓢虫高龄幼虫

异色瓢虫蛹

160 龟纹瓢虫

龟纹瓢虫（*Propylea japonica* Thunberg），又称日本龟纹瓢虫，属鞘翅目、瓢虫科，是一种常见的捕食性天敌，主要捕食茶蚜、茶橙瘿螨等害虫。

分　布 龟纹瓢虫分布在江苏、浙江、福建、江西、山东、湖北、湖南、广东、广西、四川、贵州、云南、陕西、台湾等省份。

形　态 龟纹瓢虫成虫椭圆形，背面拱起，长约4毫米，橙黄色，有黑斑。前胸背板中央有1个横黑方块。鞘翅的变化很大，有多种翅型。标准型鞘翅上的黑斑呈龟纹状；无纹型的鞘翅为纯橙色或纯黑色；橙色鞘翅上有2个黑斑、4个黑斑等。幼虫细长，长约5毫米，黑色，各节背面中部有乳黄色斑块，其中以中胸、后胸上的大且明显，第1、4、7腹节上还有明显的乳黄色斑块或环纹。胸足3对。蛹卵形，背面拱起，淡红褐色；头端、两翅芽之间及中后部两腹节背面各有1对黑斑；背面翅芽边缘有1个“八”字形黑纹。

龟纹瓢虫成虫（标准型）

龟纹瓢虫成虫（不同色斑型）

习　性 龟纹瓢虫1年发生3～4代，以成虫在植物裂缝、土隙间及根际越冬，翌年5月上中旬产卵于叶背，5月中下旬幼虫孵化，捕食茶蚜、粉虱、鳞翅目低龄幼虫和卵等。龟纹瓢虫耐高温、喜高湿，在高温季节，其他瓢虫数量骤降时，仍保持数量优势。

龟纹瓢虫幼虫

龟纹瓢虫蛹

龟纹瓢虫成虫捕食蚜虫状

龟纹瓢虫成虫交尾

161 四斑裸瓢虫

四斑裸瓢虫［*Calvia muiri*（Timberlake）］，属鞘翅目、瓢虫科，是一种捕食性天敌，主要捕食蚜虫、粉虱和螨类。

分　　布　四斑裸瓢虫分布于陕西、浙江、江西、湖北、湖南、四川、贵州、云南、河南、广西、福建、台湾等省份。

形　　态　四斑裸瓢虫成虫为宽卵形，体长4.0～5.6毫米，体宽3.4～4.9毫米。头部淡黄色，复眼黑色。前胸背板黄褐色，前缘和侧缘有镶边，近基部有4个白斑。小盾片三角形，黄褐色。鞘翅黄褐色，沿外缘及鞘缝有黄白色细纹；每一翅鞘具6个明显的黄白色大斑点，呈1-2-2-1排列，鞘翅肩角和端部有一小斑点；有的个体鞘翅斑点消失。卵淡黄色，长椭圆形，整齐排列于叶片表面。4龄幼虫长约1.3毫米，体灰黑色，口器黄白色，各节背面中部有乳黄色斑块，其中中后胸上的斑块较大；胸部各节背板对称分布1对大黑斑；腹部背面对称分布4列瘤突，除第1、2腹节靠侧面的瘤突乳黄色外，其余瘤突黑色；各节体侧瘤突乳黄色。蛹近卵形，背面拱起，乳白色至淡灰褐色，前胸背板侧面、翅芽内侧缘有"八"字形黑斑，前胸背板后缘中部有2个横向黑斑，两侧连接一窄黑斑；腹部背面除第2节外，均有1对黑斑。

习　　性　在浙江茶园中成虫多见于4—5月和9—10月，喜在嫩梢的叶背觅食。

四斑裸瓢虫成虫（背面）

四斑裸瓢虫成虫（侧面）

162 束管食螨瓢虫

束管食螨瓢虫［*Stethorus* (*Allostethorus*) *chengi* Sasaji］，属鞘翅目、瓢虫科，是一种捕食性天敌，主要捕食螨类。

分　布 束管食螨瓢虫分布于浙江、安徽、江西、湖北、湖南、陕西、贵州、云南、四川、重庆、台湾等省份。

形　态 束管食螨瓢虫体微小，成虫体长1.1～1.3毫米，体宽0.8～1.0毫米；虫体卵圆形，两侧向后端均匀收缩，背面密被细毛。头部黑色，触角、口器及唇基前缘黄色至黄褐色。前胸背板、小盾片及鞘翅黑色，腹面黑色。足黄色。

习　性 束管食螨瓢虫年发生代数不详，以成虫在卷叶及地表枯枝落叶、树皮缝等处越冬。成虫可多次交尾，在25℃下能活90多天甚至半年，是控制害螨的主要虫态。猎物较少的时候会自相残杀。

束管食螨瓢虫成虫捕食茶橙瘿螨

163 奇斑瓢虫

奇斑瓢虫［*Harmonia eucharis*（Mulsant）］，属鞘翅目、瓢虫科，是西南茶区较常见的一种捕食性天敌，主要捕食蚜虫，也可捕食叶甲。

分　布　奇斑瓢虫主要分布于四川、云南、西藏等省份。

形　态　奇斑瓢虫成虫体长 6.4 ～ 8.2 毫米，体宽 5.9 ～ 6.5 毫米，椭圆形至长椭圆形，背面强烈拱起。前胸背板浅黄色、红褐色或栗褐色，有多变的斑纹。鞘翅斑纹变异极大，有红底黄斑、红底黑斑、黄底黑斑，甚至近乎全黑或全红等多种类型。卵长纺锤形，初为淡黄色，后为鲜黄色，表面光亮，长约 1.7 毫米。4 龄幼虫体长约 10 毫米，体黑色，头及前胸背板橘黄色，前胸背板中部具一宽黑斑，中胸、后胸背面中部及近前缘处有淡色斑块，两侧各有 1 个大的黑斑，其上有黑色刺突；腹部背面灰黑色与黄白色相间，各节背板中线两侧对称分布 2 对刺突，其中第 1 节至第 5 节两侧及第 1、4、5、6 节中部的刺突黄白色，腹部背板上其他刺突灰黑色；胸足黄褐色。蛹体有橘黄色与黑色相间的花斑，翅芽具 2 条黑色宽纵斑。

习　性　目前研究较少，习性不详。在西藏林芝的茶园中每年 6 月发生较多。

奇斑瓢虫成虫（不同色斑型）

奇斑瓢虫卵

奇斑瓢虫幼虫

奇斑瓢虫蛹

164 六斑月瓢虫

六斑月瓢虫［*Cheilomenes sexmaculata*（Fabricius）］，属鞘翅目、瓢虫科，是一种较常见的捕食性天敌，主要捕食蚜虫、粉虱、蚧和螨类等害虫，也捕食螟蛾、夜蛾、蝶类等鳞翅目低龄幼虫。

分 布 六斑月瓢虫分布于浙江、湖北、湖南、广东、广西、海南、四川、贵州、云南、山东、河南、江苏、江西、陕西、福建、台湾等省份。

形 态 六斑月瓢虫成虫体长3.6～6.5毫米，体宽3.2～6.2毫米，近圆形，背面稍拱起，有光泽。头部黄白色，有时头顶黑色。复眼黑色，额部黄色，唯雌虫黄色前缘中央有黑斑或黑色，复眼内侧有黄斑。前胸背板黄白色，缘折大部分褐色，中央有一与后缘相连而形成的“工”字形黑斑，此斑可扩大成一大黑斑。小盾片黑色。鞘翅的斑纹多变，常见的斑型有六斑型（鞘翅基色为橙红色至暗红色，鞘缝和外缘黑色，每鞘翅具3个黑色横向斑）和四斑型（鞘翅黑色，基部和近端部各有1个红斑），红斑和黑斑有时可扩大或缩小，有时鞘翅几乎全黑。卵梭形，表面光滑，淡黄色，将孵化时淡黑色。幼虫纺锤形，中胸以后各体节半环形分布6根毛刺；虫体黑色，体背有白斑，中胸、后胸背部的1对毛刺，以及第1、4腹节背部的2对毛刺和胸腹各节体侧毛刺均为白色。蛹卵圆形，黄褐色，前胸背部有黑褐色粗斑，翅后缘黑褐色，腹部第3～8节背面各有1对黑褐色斑点。

六斑月瓢虫成虫（四斑型）

六斑月瓢虫成虫（六斑型）

习　　性 六斑月瓢虫在江西1年发生6～10代，以成虫越冬。成虫于3月中旬开始活动，4月初开始在各种生境转场取食。6—7月和9—10月为发生高峰期。成虫一生可多次交尾，一次交配即能满足其整个生育期产卵所需，日平均产卵6.3～23.6粒。卵产于寄主植物叶背及其附近，通常8～11粒并联竖排在一起。成虫具有较强的耐饥饿能力，在食物缺乏的情况下，有取食自产卵的习性，幼虫间也有自相残杀的习性。

六斑月瓢虫幼虫

六斑月瓢虫蛹

165 红肩瓢虫

红肩瓢虫［*Harmonia dimidiata*（Fabricius）］，属鞘翅目、瓢虫科，是一种捕食性天敌，主要捕食蚜虫和蚧类害虫。

分　　布 红肩瓢虫分布于浙江、江苏、安徽、山东、河南、陕西、贵州、云南、西藏、四川、江西、湖南、福建、广东、广西等省份。

形　　态 红肩瓢虫体形较大，成虫体长 7 ～ 10 毫米，体宽 7 ～ 10 毫米，虫体近圆形，呈半球形拱起，表面光滑无毛。鞘翅外缘向外平展。全体基色为橙黄色至橘红色。复眼黑色，前胸背板基部中线两侧各有一黑斑，黑斑在基部相连并与背板后缘连接。小盾片黑色。鞘翅斑纹变化大，常见有点肩变型和豹纹变型两种斑型，点肩变型鞘翅肩部橘红色，内常有一小黑斑，中后部 1/2 以上为黑色；豹纹变型鞘翅橙黄色至橘红色，每翅上有 7 个黑斑，呈 1-3-2-1 排列。卵橙黄色，长纺锤形。老熟幼虫黑色，体背具叉状毛刺，第 1 ～ 4 腹节侧面为橘红色。具胸足 3 对。蛹近卵形，背面拱起，红褐色，胸腹部各具 1 对较大黑斑，翅芽上有 1 个长条黑斑。

习　　性 红肩瓢虫个体大、捕食量大。4 龄幼虫和成虫对棉蚜的日捕食量分别可达 146.2 头和 161.7 头，成虫一生灭蚜量约 1.15 万头。20 ～ 30℃为红肩瓢虫生长发育的适宜温度。在茶园中偶尔可见红肩瓢虫与异色瓢虫交尾，但不能产生后代。

红肩瓢虫成虫

红肩瓢虫（下，雌）与异色瓢虫（上，雄）交尾

166 横斑瓢虫

横斑瓢虫（*Coccinella transversoguttata* Faldermann），属鞘翅目、瓢虫科，是一种捕食性天敌，主要捕食蚜虫和其他昆虫的卵。

分　布 横斑瓢虫主要分布于西藏、四川、云南、陕西、河南等省份。

形　态 横斑瓢虫成虫体长 5.2 ~ 7.0 毫米，体宽 4.5 ~ 5.5 毫米，长卵圆形，鞘翅黄褐色至橙红色。头部黑色；复眼黑色，内侧各有一不规则黄色大斑，两斑几乎相连；口器黑色，触角深褐色。前胸背板黑色，前角各有一近四边形黄白斑，与前缘相连。小盾片黑色，两侧各有一浅黄白色横斑。鞘翅在 1/6 处两肩胛之间有 1 条横贯黑色带纹，两端微微前弯，有时分离为靠近小盾片和肩胛处 2 个黑斑；在 1/3 处外缘附近有一小黑斑，在其后内侧靠近鞘缝有一长横形大黑斑；鞘翅端部 1/3 处自内线到外线间横卧一大黑斑，内宽外窄，有时分为 2 个独立黑斑。腹面黑色，仅中胸后侧片浅色，有时后胸后侧片亦浅色。卵长纺锤形，长约 1.7 毫米，初为淡黄色，后为鲜黄色，表面光亮。老熟幼虫体长 9 ~ 10 毫米，体灰黑色；前胸背板橘黄色，中间有一大黑斑，两侧各有一纵向小黑斑，中胸、后胸背面中间有一灰白色斑，两侧各有一大的黑色毛瘤；腹部第 1 节和第 4 节靠两侧的 2 对毛瘤橘黄色。蛹近卵形，长 6.0 ~ 7.2 毫米，背面拱起，黄褐色至红褐色，近头端和末端各有 1 对圆形黑斑，腹部背面除 2、3 节外两侧对称分布 1 对橙黄色斑。

横斑瓢虫成虫

习　　性 横斑瓢虫在西藏拉萨1年发生2代，以成虫越冬。越冬成虫取食1～3天后开始交尾。4月下旬至5月中旬为产卵盛期，第1代幼虫发生期为5月上旬至6月下旬，成虫发生期为6月上旬至7月中旬。第2代幼虫发生期为8月中旬至9月底，成虫于10月陆续开始越冬。雌、雄成虫有多次交配习性。交配后雌虫当天就可产卵，卵竖立成行排列呈块状。雌虫一次产卵量6～62粒，一生产卵量约300粒，产卵期30～60天。幼虫、成虫均具假死性和自残习性。在食物十分匮乏时，成虫会取食幼虫和卵，高龄幼虫会取食低龄幼虫和卵，同龄幼虫间也有相互咬食的现象。

横斑瓢虫幼虫（低龄）

横斑瓢虫幼虫（高龄）

横斑瓢虫蛹

167 黑襟毛瓢虫

黑襟毛瓢虫［*Scymnus* (*Neopullus*) *hoffmanni* Weise］，属鞘翅目、瓢虫科，是茶园捕食性天敌，主要捕食蚜虫、蚧类。

分　布 黑襟毛瓢虫分布于浙江、江苏、安徽、山东、河南、陕西、贵州、云南、西藏、四川、湖北、湖南、江西、福建、广东、广西、海南、台湾等省份。

形　态 黑襟毛瓢虫成虫体长 1.9 ～ 2.2 毫米，体宽 1.4 ～ 1.5 毫米，虫体长卵形，背面稍拱起，密被黄白色细毛。头部红褐色至黄褐色，触角及口器黄褐色，复眼黑色。一般分浅色和深色两种类型。浅色类型前胸背板暗红褐色，基部小盾片之前有 1 个黑色大斑；小盾片褐色或黑色；鞘翅红褐色，鞘缝黑色。深色类型前胸背板黑斑扩大，仅两前角保留暗红褐色的部分，鞘翅基缘、两侧缘及鞘翅缝的两侧黑色，仅在每一鞘翅的中部、自肩胛之后延至鞘翅末端保留暗红色的部分。腹面中部黑色至黑褐色，腹部末端 3 节常为红褐色。足红褐色至黑褐色。卵初产时淡黄色，近孵化时深绿色。幼虫纺锤形，红褐色，老熟幼虫体被白色蜡粉。蛹褐色，长 1.6 ～ 2.7 毫米，具刚毛，外覆白色束状蜡丝，蜡丝在蛹后期脱落后仅留边缘和尾部蜡粉。

习　性 黑襟毛瓢虫以成虫在杂草、树缝、墙缝处越冬。成虫在 20℃左右时，寿命可达 60 天左右，当温度超过 20℃寿命就逐渐缩短。成虫羽化后 1 ～ 2 天内即可交配，一生可有多次交配习性，交配 1 次可终生产受精卵。卵散产或成小块聚集，多产于叶片背面。每龄幼虫在刚孵化或脱皮后均呈黄褐色，随后身上蜡粉增加而呈白色，蜡粉分泌又随龄期增长而增加，至老熟幼虫时，背部已布满白色蜡质。幼虫老熟后分泌橘黄色黏液，把腹部末端固定在一处，从身体前半部背中线裂开，露出褐色蛹体，蛹体末端数节仍留在蜕皮壳内。成虫羽化由蛹壳破裂而出。

黑襟毛瓢虫成虫

168 日本刀角瓢虫

日本刀角瓢虫（*Serangium japonicum* Chapin），属鞘翅目、瓢虫科，是茶园较常见的一种捕食性天敌，主要捕食粉虱、蜡蚧等害虫。

分　布 日本刀角瓢虫分布于浙江、福建、湖北、湖南、广东、广西、海南、四川、贵州、云南、陕西、山东、台湾等省份。

形　态 日本刀角瓢虫成虫体长 1.3 ～ 2.0 毫米，体宽 1.1 ～ 1.5 毫米，短卵形。背面明显拱起，有光泽，被稀疏的细毛。头棕红色。前胸背板黑棕色，其外角棕红色；小盾片及鞘翅黑棕色。腹面前胸背板缘折、鞘翅缘折、前胸腹板和腹部的外缘及后面部分棕红色，中胸、后胸腹板及腹基部的中央部分黑棕色。足棕红色。卵椭圆形，长 0.4 ～ 0.6 毫米，初期晶莹透明，后期颜色逐渐加深呈浅褐色。幼虫共 4 龄，纺锤形，初期幼虫白色，体背密布柔毛，随虫龄的增长，体表柔毛和毛瘤逐渐变为黑褐色。前胸背板中部具 1 对半月形黑褐色斑，中胸、后胸背板中部各具 1 对三角形小黑斑。蛹白色，卵圆形，密被小细绒毛，以腹部末端固定在叶片背面。

习　性 日本刀角瓢虫 1 年发生 6 ～ 7 代，以成虫越冬。翌年 4—5 月开始活动。在浙江茶园中 6 月和 8 月成虫数量较多。成虫爬行迅速，飞翔迁移扩散能力强，有假死性，日均可捕食 103.2 粒黑刺粉虱卵。成虫一生可多次交尾。卵多产于叶片背面。幼虫化蛹前多从植株上部迁移到中下部叶背。食物缺乏时，会取食同类的卵粒，高龄幼虫会捕食低龄幼虫和攻击预蛹及蛹。

日本刀角瓢虫成虫

日本刀角瓢虫幼虫

169 星斑虎甲

星斑虎甲（*Cicindela kaleea* Bates），属鞘翅目、虎甲科、虎甲属，是一种较常见的捕食性天敌。

分　布 星斑虎甲分布于北京、河北、山西、上海、江苏、浙江、安徽、福建、江西、山东、河南、湖北、广东、广西等省份。

形　态 星斑虎甲成虫体长 8 ～ 9 毫米，体宽 2.0 ～ 2.5 毫米。体背黑色或墨绿色，有金属光泽。腹面黑色具绿色光泽。复眼大且凸出。头顶沿复眼圈有 2 对长毛。触角柄节端有一端毛。上唇近前缘处有鬃毛 6 ～ 8 根，唇基黑色光滑。鞘翅斑纹金黄色且很小，肩斑呈小星斑，雌虫中间肩斑更小。中部两斑相连，端斑不达鞘缝。

习　性 星斑虎甲成虫、幼虫均为肉食性，捕食其他小昆虫或小动物，猎捕能力强。1 年发生 1 代，卵产于土中，散产，产卵时雌虫先在地面上挖坑，每坑产 1 粒卵。幼虫穴居于洞口狩猎，把猎物拖入洞中取食。成虫趋光性很强，常在灯下捕食各种昆虫。

星斑虎甲成虫

170
黑广肩步甲

黑广肩步甲（*Calosoma maximoviczi* Morawitz），又称大星步甲，属鞘翅目、步甲科、星步甲属，可捕食茶园鳞翅目幼虫。

分　布 黑广肩步甲分布在河北、山西、辽宁、黑龙江、浙江、安徽、福建、山东、河南、湖北、四川、云南、陕西、甘肃、台湾等省份。

形　态 黑广肩步甲成虫黑色，琵琶形，体壁坚硬，稍带铜色光泽。体形宽大，长22.0 ~ 34.2毫米，宽11.0 ~ 17.2毫米。触角丝状，长度约为体长的一半，共11节。头近梯形，具横皱纹。上颚发达，呈钳形。鞘翅较宽，有15条纵隆线。腹面黑色，体侧多生小刻点。卵乳白色，长椭圆形，稍弯曲。幼虫体躯扁平，背面黑色，腹面灰色，胸足3对，较发达，每足尖端有爪2个。蛹初为乳白色，后为浅灰色，呈橄榄形，跗肢裸露，体躯稍弯曲，腹部背面及体侧有褐色刚毛。

习　性 黑广肩步甲成虫、幼虫喜食鳞翅目幼虫和蛹，也取食蛴螬、象鼻虫幼虫等其他软体昆虫，具有食量大、捕食能力强的特点。捕食鳞翅目幼虫时，黑广肩步甲成虫对幼龄期幼虫几乎是整体吞食，对高龄幼虫则咬开其背部取食体液和脂肪组织，有时只将幼虫咬死但并不取食；黑广肩步甲幼虫主要捕食1 ~ 2龄鳞翅目幼虫。黑广肩步甲1年发生1代，以成虫在土中越冬和越夏。成虫为多年生，存活期约有3年。幼虫在4月下旬开始出现，5月下旬和8月下旬为盛期；成虫发生盛期一般在7月底至8月上中旬。

黑广肩步甲取食茶尺蠖幼虫

171 迷宫漏斗蛛

迷宫漏斗蛛（*Agelena labyrinthica* Clerck），属蛛形目、漏斗蛛科，是茶园捕食性天敌，主要捕食茶尺蠖、茶小卷叶蛾等鳞翅目害虫的成虫、蜡蝉、叶蝉等害虫。

分　布　迷宫漏斗蛛分布于江苏、浙江、福建、湖北、湖南、广东、广西等省份。

形　态　迷宫漏斗蛛雌蛛体长10～15毫米。背甲浅褐色，有2条深褐色条斑纵贯前后，条斑前端狭窄，向后逐渐变宽。颈沟、放射沟及中窝的凹陷明显。前眼列平直，后眼列强前曲，8眼中以前眼、中眼最大，前、后侧眼靠近。中眼域呈长方形。螯肢前、后齿堤各3齿。步足黄褐色，各节末端偏暗，有许多刺和毛，跗节的黑色听毛愈近后跗节愈长。腹部为灰绿色至紫褐色，背面正中有7～8对"八"字形斑纹。腹部腹面和侧面有黄白色鳞斑。雄蛛体长10～11毫米，体色较雌蛛暗，黑褐色，步足较雌蛛长。腹部窄小，其宽度明显窄于头胸部。卵袋圆形，扁平状，卵袋表面有疏松丝，黄白色。卵粒橘红色。每个卵袋内含卵80粒左右，多时可达120粒。

迷宫漏斗蛛幼蛛

迷宫漏斗蛛成蛛

习　性　迷宫漏斗蛛结大型漏斗状网。低龄幼蛛结不规则平网，随着龄期的增加渐呈漏斗状。雌蛛咬食雄蛛现象较普遍，有时雄蛛亦咬食雌蛛。迷宫漏斗蛛1年发生1代，在茶园中5—6月盛发。

迷宫漏斗蛛蛛网

172 机敏漏斗蛛

机敏漏斗蛛（*Agelena difficilis* Fox），属蛛形目、漏斗蛛科，是茶园捕食性天敌，可捕食茶尺蠖等多种茶树害虫。

分　布 机敏漏斗蛛分布于江苏、浙江、湖北、湖南、广东、四川、贵州等省。

形　态 机敏漏斗蛛雌蛛体长7.1～9.1毫米，头胸部棕褐色。头部较窄且隆起。两眼列强前凹，前、后侧眼靠近。颈沟和颈沟后方的3个放射沟处均有三角形咖啡色斑纹。螯肢前齿堤有3齿，中齿堤最大，后齿堤有4齿。步足上有褐色斑纹。腹部背面褐色，前中线两侧各有2条灰色短纵纹，中后部有4对“八”字形灰白斑，其后方有时可见1对小斑。雄蛛体长6.1～7.8毫米，头胸部较宽，淡赭色，腹部背面褐色。螯肢下缘有4齿。卵袋呈椭圆形，隆起似馒头，卵袋表面蛛丝不紧密。卵粒淡黄色，每个卵袋内含卵40粒左右。

习　性 机敏漏斗蛛结大型漏斗状网，直径50～60毫米，结网时，常把几片叶拉拢结一漏斗状网，漏斗网上常拉出许多蛛丝与其他枝叶构成1个大体上呈平面的网。机敏漏斗蛛1年发生1代，在浙江杭州于11月上旬以成蛛在枯叶、树皮内、石块下做巢越冬。翌年3月下旬开始活动，4月开始产卵，5—6月为盛卵期。

机敏漏斗蛛（雌）

机敏漏斗蛛隐居在蛛网中

机敏漏斗蛛蛛网

173 条纹蝇虎

条纹蝇虎（*Plexippus setipes* Karsch），属蜘蛛目、跳蛛科，是茶园常见的一种捕食性天敌，可捕食叶蝉、粉虱和鳞翅目低龄幼虫等多种害虫。

分　　布　我国主要产茶区均有分布。

形　　态　条纹蝇虎雌蛛体长 6.5 ~ 8.5 毫米。头区密被红褐色短毛，并间有稀疏的长黑毛，胸部密被短黑毛，正中部为浅色。眼周围黑褐色，眼域红棕色;眼区宽大于长，前边稍长于后边，第 2 眼列位于第 1、3 眼列之间偏后。螯肢前齿堤有 2 齿，后齿堤有 1 齿。胸板黄橙色，无黑褐斑。腹部背面淡黄褐色底，中央有浅褐色宽纵带，其后部有 6 条浅黑色“人”字形横纹；个别腹部背面没有条带。雄蛛体长 5.8 ~ 6.5 毫米。头胸部浅橘黄色，额部有 1 条暗红色横带，边缘黑色细边；眼区黑色。背甲眼区后方中线上有一淡色带，其余部分为黑色，有的个体在两亚侧缘有白色带。腹背中央有一黄白色宽纵带，侧纵带黑色。卵袋白色、扁平，其边缘有白色丝膜，长约 11 毫米，宽约 7 毫米。卵粒淡黄色，直径约 1 毫米。

习　　性　条纹蝇虎善跳跃，活动力强，不结网，是茶园中重要的游猎型蜘蛛。年发生代数目前不详。条纹蝇虎成蛛对茶小绿叶蝉成虫和灰茶尺蠖 1 龄幼虫的日均捕食量分别为 17.5 头、17.4 头，喜食茶小绿叶蝉。在广东英德茶园中 7—11 月数量较多，在浙江杭州茶园中 8 月以后数量较多。

条纹蝇虎成蛛（雌）

条纹蝇虎成蛛（雄）

174 斜纹猫蛛

斜纹猫蛛（*Oxyopes sertatus* L. Koch），属蛛形目、猫蛛科，是茶园捕食性天敌，食性广，可捕食茶尺蠖、卷叶蛾等鳞翅目害虫的幼虫，也可捕食叶蝉、蚊、蝇等。

分　　布 全国均有分布。

形　　态 斜纹猫蛛雌蛛体长 7 ～ 11 毫米，黄绿色或黄褐色，体纺锤形。背甲长大于宽，头部隆起，前缘垂直。8 眼排列呈六角形，前眼列后曲；眼式为 2-2-2-2，以前眼、中眼为最小。眼域有白毛和数根黑色长毛，向前方伸出。背甲中央有 2 条纹，两侧缘有 3 对褐色斜纹。螯肢细长，基部外侧缘的侧结节明显，前齿堤有 2 齿，后齿堤有 1 齿。触肢黄褐色，多黑刺，末端具爪。步足各腿节腹面有清晰黑纹 1 条，胫节基部内、外两侧各有 1 个黑斑。各腿、膝、胫、后跗节上均有黑色长刺，跗节末端有 3 爪。腹部长椭圆形，末端尖细。心脏斑菱形，外侧有黄色、白色条纹，后部中央有纵斑，两侧有 4 对黄色、白色斜形斑纹，腹部中央有宽的黑褐色纵斑，两侧各有 1 个灰白色条斑。雄蛛体长 6.3 ～ 9.0 毫米，体形同雌蛛，腹部较窄。触肢胫节突有 2 个大齿。外侧突长且大，侧面有几条横行的隆起；内侧突顶端有 1 个向内弯曲的大齿突。卵袋白色，扁圆形，较大。卵粒圆形，黄白色。每个卵袋含卵 60 ～ 70 粒。

习　　性 斜纹猫蛛 1 年发生 1 代。成蛛、若蛛都不结网，善于在树干、枝叶和杂草中跳跃游猎捕食各类害虫。冬季耐饥饿、抗低温能力较强，当气温上升至 9 ～ 12℃时可外出活动、取食。雌蛛可 1 次交配多次产卵，有护卵行为。

斜纹猫蛛成蛛

斜纹猫蛛成蛛及其卵袋

175
三突花蛛

三突花蛛（*Misumenops tricuspidatus* Fabricius），属蛛形目、蟹蛛科，是茶园常见的一种捕食性天敌，捕食范围广，可捕食叶蝉、蚜虫、茶尺蠖等鳞翅目害虫的卵、幼虫和成虫等。

分　　布　三突花蛛分布于江苏、浙江、安徽、福建、江西、湖北、湖南、广东等省。

形　　态　三突花蛛雌蛛体长 4 ～ 6 毫米，体色多变，有绿色、白色、黄色。两眼列均后曲，前侧眼较大并靠近，余眼等大，均位于眼丘上。前 2 对步足明显长于后 2 对步足，各步足具爪，有齿 3 ～ 4 个。腹部呈梨形，前窄后宽，背面黄白色或金黄色，有红棕色斑纹。雄蛛体长 3 ～ 5 毫米，背甲红褐色，两侧各有 1 条深褐色带纹，头胸部边缘呈深褐色。前 2 对步足的膝节、胫节、后跗节、跗节上有深棕色环纹。胫节外侧有 1 个指状凸起，顶端分叉，腹侧另有 1 个小凸起，初看似 3 个小凸起，因此而得名。

习　　性　三突花蛛是不结网游猎性蜘蛛，体色随环境而有变化。交配后的雌蛛有咬食雄蛛的行为。在临产前先做产卵室，产卵后，即伏在卵室内的卵袋上或卵袋附近进行看护，在整个护卵期间一般不取食。三突花蛛 1 年发生 2 ～ 3 代。以成蛛、亚成蛛和若蛛在杂草丛中、土块下、树皮下等场所越冬。茶园中以 4—5 月数量最多，11 月次之，8—9 月少见。

三突花蛛成蛛

三突花蛛捕食害虫

176 草间钻头蛛

草间钻头蛛（*Hylyphantes graminicola* Sundevall），又称草间小黑蛛，属蛛形目、皿蛛科，是一种常见的捕食性天敌，在茶园主要捕食茶蚜、叶蝉、粉虱和茶尺蠖等。

分　　布 草间钻头蛛分布于江苏、浙江、安徽、福建、山东、湖北、湖南、广东、广西、海南、四川、贵州、云南等省份。

形　　态 草间钻头蛛雌蛛体长2.8～3.9毫米，头胸部赤褐色，有光泽，颈沟、放射沟、中窝色泽较深。螯肢前、后齿堤均5齿，前齿堤的齿较大。胸板红褐色。步足黄褐色。腹部长卵圆形，灰褐色或紫褐色，密布细毛。腹部中央有4个红棕色凹斑，背中线两侧有时可见灰色斑纹。雄蛛体长2.5～3.3毫米，头胸部赤褐色，颜色较雌蛛深。螯肢基节外侧有颗粒状凸起形成的摩擦脊，内侧中部有1个大齿，齿端具长毛1根，前齿堤有6齿，后齿堤有4齿。触肢膝节末端腹面有1个三角形突片。卵袋白色，椭圆形或圆形，直径6～8毫米。卵袋表层蛛丝较疏松，呈丝状覆盖物。卵袋内平均含卵35.8粒，卵粒圆球形，初为乳白色，近孵化时呈淡黄色或黄色。

习　　性 草间钻头蛛结不规则的小网。1年发生6～7代，以成蛛、幼蛛或卵在茶树根隙附近土块下、枯叶内等地方越冬。雌雄个体均有多次交配习性，开始产卵的雌蛛仍可再与雄蛛交配。雌蛛有护卵习性，在护卵期间仍可取食。茶园中5—7月数量最多。

草间钻头蛛成蛛

177 圆果大赤螨

圆果大赤螨[*Anystis baccarum*（Linnaeus）]，属真螨目、大赤螨科，是茶园常见的捕食性天敌，捕食茶树害螨、蚜虫、介壳虫、小绿叶蝉等害虫。

分　布　我国各茶区均有分布。

形　态　圆果大赤螨体形较大，成螨体长0.8～1.2毫米，体宽0.5～0.7毫米，鲜红色。体近圆形，后半体末端最宽。须肢胫节内侧有3个小棘，前足体背板明显宽大于长，有刚毛3对。足长，其上有众多长短刚毛。圆果大赤螨的发育经卵、前幼螨、幼螨、第1若螨、第2若螨、第3若螨和成螨7个阶段。

习　性　圆果大赤螨在广州地区1年发生2～3代，第3代是局部世代。冬天没有越冬现象，夏天高温时停止发育，以卵和第3若螨的静息期越夏。以卵越夏的1年发生2代，以第3若螨静息期越夏的1年发生3代。该螨活动能力、捕食能力较强，对小贯小绿叶蝉、茶蚜、咖啡小爪螨等茶园主要为害生物控制作用很大。属聚集分布，以茶蓬上部居多。有自相残杀的习性。

圆果大赤螨成螨

圆果大赤螨取食茶蚜

参考文献

《中国农业作物病虫图谱》编绘组, 1985. 中国农业作物病虫图谱第六分册 [M]. 北京 : 农业出版社 .

常瑾, 邓艳东, 刘凤想, 等, 2006. 草间钻头蛛等对茶尺蠖的捕食功能反应研究 [J]. 蛛形学报, 15 (1): 33-38.

陈棣华, 洪北边, 汪命龙, 等, 1989. 茶尺蠖核型多角体病毒研究 [J]. 生物防治通报 ,5(4): 168-172.

陈纪明, 陈流光 ,1983. 茶枝瘿蚊研究初报 [J]. 茶业通报 ,9(3):20-23.

陈顺立, 叶小瑜, 李友恭, 等, 1992. 黑荆大造桥虫的生物学特性及防治 [J]. 福建林学院学报 ,12(2): 176-181.

陈文龙, 顾振芳, 李隆术, 等, 1996. 束管食螨瓢虫研究及利用概述 [J]. 昆虫知识 ,33(5): 304-306.

陈樟福, 宋大祥, 1980. 机敏漏斗蛛的生活习性 [J]. 动物学杂志 ,15(3):14-15.

陈祝安, 徐珊, 1989. 细脚拟青霉培养性状和药理作用的初步研究 [J]. 真菌学报 ,8(3):214-220.

陈宗懋, 陈雪芬, 1990. 茶树病害的诊断和防治 [M]. 上海 : 上海科学技术出版社 .

陈宗懋, 孙晓玲, 2013. 茶树主要病虫害简明识别手册 [M]. 北京 : 中国农业出版社 .

段文心, 陈祥盛, 2020. 中国疏广蜡蝉属比较形态学研究 [J]. 山地农业生物学报 ,39(4):1-9.

葛超美, 殷坤山, 唐美君, 等, 2016. 灰茶尺蠖的生物学特性 [J]. 浙江农业学报 ,28(3):464-468.

葛钟麟, 1991. 茶树叶蝉一新种 (同翅目 : 叶蝉总科)[J]. 昆虫学报 ,34(2):206-207.

顾洪根, 1989. 菊小长管蚜的天敌 : 黄斑盘瓢虫 [J]. 中国园林 ,5(4):32-33.

郝昕, 罗成龙, 周润发, 等 ,2015. 山东省青岛市尺蛾科昆虫名录 (鳞翅目)[J]. 林业科技情报 ,47 (1): 1-5.

洪北边, 1980. 茶园中捕蚜能手 : 食蚜瓢虫 [J]. 中国茶叶 ,3(3):33-35.

洪北边, 殷坤山, 1978. 单白绵绒茧蜂生物学特性初步观察 [J]. 中国茶叶 ,1(9):16-19.

洪晓月, 2011. 农业螨类学 [M]. 北京 : 中国农业出版社 .

胡萃, 朱俊庆, 叶恭银, 等, 1994. 茶尺蠖 [M]. 上海 : 上海科学技术出版社 .

湖南省茶叶研究所, 1976. 茶叶灰尺蠖发生规律及防治研究 [J]. 湖南农业科学 ,5(3):57-58.

扈克明, 1988. 茶盾蝽 (Poecilocoris latus Dall.) 的生物生态学特性 [J]. 茶叶科学 ,8(2):43-46.

黄雅志, 1995. 芒果主要害虫及其防治措施 (Ⅲ)[J]. 云南热作科技 ,18(3):1-8,35.

江宏燕, 陈世春, 胡翔, 等, 2021. 茶网蝽的“克星”: 军配盲蝽 [J]. 中国茶叶 ,43(2):33-35.

江秀均, 谢道燕, 钟健, 等, 2012. 桑园天敌 : 圆果大赤螨特性及田间种群消长规律 [J]. 云南农业科技 ,41(6):30-31.

姜楠，刘淑仙，薛大勇，等，2014. 我国华东地区两种茶尺蛾的形态和分子鉴定 [J]. 应用昆虫学报，51(4):987-1002.

冷杨，肖强，殷坤山，2007. 茶毛虫核型多角体病毒 Bt 混剂的作用特性 [J]. 植物保护学报，34(2):177-181.

黎健龙，唐劲驰，唐颢，等，2011. 茶园圆果大赤螨消长动态及空间分布 [J]. 广东农业科学，38 (18): 47-63.

李参，王铁伟，董秀仁，1975. 黄唇蜾蠃蜂及其利用的初步研究 [J]. 昆虫学报，18(2):151-155.

李国泰，张福三，高峻峰，1996. 大灰食蚜蝇的生物学特性观察 [J]. 吉林农业大学学报，18(S1): 154-157.

李帅，杨春，杨文，等，2018. 茶扁叶蝉 Chanohirata theae (Matsumura) 的生物学特性 [J]. 植物保护，44(3):156-162.

李帅，孟泽洪，吕召云，等，2021. 一种茶树新害虫：贡山喙蓟马 Mycterothrips gongshanensis 的鉴定 [J]. 茶叶通讯，48(3):435-442.

李帅，吴琼，雷强，等，2022. 茶树枝干害虫—茶枝瘿蚊 [J]. 中国茶叶，44(8):21-23.

李帅，严斌，孟泽洪，等，2020. 帕辜小叶蝉 Aguriahana paivana (Distant) 种类鉴定和为害茶树初报 [J]. 植物保护，46(4):287-290.

李文惠，廖永林，杨太慧，等，2025. 海南茶区茶角盲蝽形态发育与生物学特性研究 [J]. 热带作物学报，46(4):978-986.

李锡好，1984. 茶蚕发生规律及其防治 [J]. 中国茶叶，6 (2):36-37.

李增智，李春如，黄勃，等，2011. 重要虫生真菌球孢白僵菌有性型的发现和证实 [J]. 科学通报，46(6):470-474.

梁东瑞，张起麟，庹登美，等，1981. 茶小卷叶蛾颗粒体病毒的研究：病毒的分离、鉴定和感染试验 [J]. 湖北农业科学，20(8):19-23.

廖冬晴，梁广文，岑伊静，2008. 茶角胸叶甲幼虫种群的不同定量方法研究 [J]. 广西职业技术学院学报，1(4):1-3.

廖冬晴，梁广文，岑伊静，2010. 圆果大赤螨对茶红蜘蛛的捕食作用 [J]. 福建农林大学学报（自然科学版），39(2):117-122.

刘树生，1989. 蚜茧蜂对蚜虫种群的控制作用 [J]. 中国生物防治学报，5(4):173-177.

罗鸿，崔清梅，蔡晓明，等，2021. 茶网蝽安全防治药剂与高效施药技术研究 [J]. 茶叶科学，41(3): 361-370.

罗希成，1960. 异色瓢虫的色型及斑纹 [J]. 昆虫知识，6(5):27-29.

罗志义，周婵敏，1997. 茶树粉虱纪录 [J]. 茶叶科学，17(2):42-47.

孟泽洪，李帅，杨文，等，2020. 茶园中的"蚊子"：茶角盲蝽 [J]. 中国茶叶，42(5):17-20.

孟泽洪，王吉锐，周孝贵，等，2017. 茶树新害虫：山香圆平背粉虱 Crenidorsum turpiniae 的鉴定与

初步观察 [J]. 茶叶科学 ,37(6):638-644.

牟志刚 , 杨广海 , 周东松 , 等 , 2005. 黑广肩步甲形态特征及其生物学特性 [J]. 昆虫知识 ,42(5):553-556.

聂飞 , 李顺琴 , 1994. 绒刺蛾种群发生规律林间分布型及防治 [J]. 贵州林业科技 ,22(3):18-20.

欧丹霞 , 谭灿 , 周琼 , 等 , 2015. 机敏异漏斗蛛的生活史及各虫态的形态特征 [J]. 环境昆虫学报 , 37(3):627-633.

潘亚飞 , 赵敬钊 , 1996. 斜纹猫蛛对茶尺蠖幼虫捕食作用的初步研究 [J]. 蛛形学报 ,5(2): 149-153.

庞虹 , 1990. 六斑月瓢虫的色斑变异 [J]. 昆虫天敌 ,27(2):82-84.

彭银辉 , 张觉晚 , 1982. 茶刺蛾核型多角体杆状病毒的初步研究 [J]. 中国茶叶 ,4(3):27.

蒲蛰龙 , 李增智 , 1996. 昆虫真菌学 [M]. 合肥 : 安徽科学技术出版社 .

钱范俊 , 1987. 黑足凹眼姬蜂生物学特性的研究 [J]. 南京林业大学学报 ,11(4):32-37.

钱学聪 , 周志强 , 马友良 , 1988. 秦巴蛹虫草的形态及生态调查 [J]. 中药材 ,10(1):20-22.

秦道正 , 肖强 , 王玉春 , 等 , 2014. 危害陕西茶区茶树的小绿叶蝉种类订正及我国茶树小绿叶蝉的再认识 [J]. 西北农林科技大学学报 (自然科学版),42(5):130-140.

四川省苗溪茶场茶叶科学研究所 , 1979. 茶脊冠网蝽的主要天敌 : 军配盲蝽 [J]. 昆虫知识 , 16(2): 69-72.

宋慧英 , 吴力游 , 陈国发 , 等 , 1988. 龟纹瓢虫生物学特性的研究 [J]. 昆虫天敌 ,10(1):22-33.

孙莉 , 陈霞 , 高改改 , 等 , 2023. 替代饲料饲养对红肩瓢虫捕食作用的影响 [J]. 中国生物防治学报 , 39(4):978-984.

孙荣华 , 罗卿权 , 孙雪婷 , 等 , 2023. 军配盲蝽的分子鉴定及其生物学特性 [J]. 安徽农业科学 , 51(13):89-92,108.

谭济才 , 1995. 湖南省茶园蜡蝉种类调查研究初报 [J]. 茶叶科学 ,15(1):34-37.

谭济才 , 胡加武 , 陈鄂 , 1991. 垫囊绿绵蜡蚧生物学特性及防治研究 [J]. 昆虫知识 ,28(4): 224-227.

唐良德 , 臧连生 , 2023. 六斑月瓢虫生物生态学及其生物防治研究进展 [J]. 中国生物防治学报 , 39(3):697-709.

唐美君 , 郭华伟 , 殷坤山 , 等 , 2014. 茶刺蛾的防治适期与防治指标 [J]. 植物保护 , 40(3):183-186.

唐美君 , 郭华伟 , 殷坤山 , 等 , 2017. 茶树新害虫湘黄卷蛾的初步研究 [J]. 植物保护 ,43(2): 188-191.

唐美君 , 王志博 , 郭华伟 , 等 , 2017. 介绍一种茶树新害虫 : 黄胫侎缘蝽 [J]. 中国茶叶 ,39(11):10-11.

唐美君 , 王志博 , 张欣欣 , 等 , 2023. 茶园新天敌绿点益蝽的初步研究 [J]. 植物保护 ,49(3):231-235.

唐美君 , 殷坤山 , 陈雪芬 , 2003. 虫生真菌粉虱拟青霉的培养性状和寄主范围 [J]. 茶叶科学 ,23(增): 46-52.

唐美君 , 周孝贵 , 张欣欣 , 等 , 2024. 茶树新害虫日本条螽为害习性 [J]. 中国茶叶 ,46(9):34-36.

田旭 , 李金梦 , 史彩华 , 等 , 2024. 益蝽不同发育阶段的形态特征 [J]. 植物保护 ,50(5):106-111.

庹登美 , 吴元香 , 甘宗义 , 等 , 1984. 茶小卷叶蛾颗粒体病毒大田应用研究 [J]. 茶叶科学 ,4(1):39-44.
汪荣灶 , 程根明 , 2016. 柿广翅蜡蝉发生规律调查 [J]. 中国茶叶 ,38(7):18.
汪为通 , 周孝贵 , 张欣欣 , 等 , 2022. 条纹蝇虎对灰茶尺蠖幼虫的捕食作用 [J]. 茶叶科学 ,42(4):515-524.
王昌贵 , 谷昭威 , 陈冬 , 等 , 2002. 斜纹猫蛛生物学特性的观察 [J]. 动物学杂志 ,37(4):46-48.
王定锋 , 黎健龙 , 李慧玲 , 等 , 2015. 茶丽纹象甲白僵菌广东分离株的鉴定及生物学特性研究 [J]. 茶叶科学 ,35(5):449-457.
王纪文 , 1983. 茶角盲蝽生活习性的初步观察 [J]. 中国茶叶 ,5(2):30-31.
王甦 , 张润志 , 张帆 , 2007. 异色瓢虫生物生态学研究进展 [J]. 应用生态学报 ,18(9):2117-2126.
王晓庆 , 冉烈 , 彭萍 , 等 , 2014. 茶树新害螨 : 柑橘始叶螨研究 [J]. 西南农业学报 ,27(6):2423-2427.
王兴民 , 陈晓胜 , 2022. 中国瓢虫科图鉴 [M]. 福州 : 海峡书局 .
王志博 , 郭华伟 , 包强 , 等 , 2021. 湖南首次发现东方行军蚁为害茶树 [J]. 茶叶通讯 ,48(1):55-59.
王志博 , 姜楠 , 殷坤山 , 等 , 2019. 一种茶树害虫新记录 : 蕾宙尺蛾 [J]. 茶叶通讯 ,46(3):302-306.
王志博 , 姜燕华 , 肖强 , 2019. 一种浙江省茶树害虫新记录 : 中华新木蛾 [J]. 中国茶叶 ,41(10):6-8.
王志博 , 姜燕华 , 俞国平 , 等 , 2021. 中华新木蛾发生规律及其天敌观察 [J]. 浙江农业科学 ,62(8):1583-1585,1591.
王志博 , 周孝贵 , 张欣欣 , 等 , 2020. 浙江茶园尺蠖新成员 : 大造桥虫 [J]. 中国茶叶 ,42(11):14-17.
韦启元 , 1985. 油茶宽盾蝽的初步研究 [J]. 应用昆虫学报 ,22(1):24-26.
魏建华 , 冉瑞碧 , 1983. 龟纹瓢虫研究 [J]. 昆虫天敌 ,5(2):89-93.
文庭池 , 梁宗琦 , 梅德强 , 2004. 高雄山虫草无性型 : 细脚拟青霉的研究进展 [J]. 菌物研究 ,2(3):58-62.
吴光远 , 孙椒德 , 曾明森 , 等 , 1995. 白僵菌 871 菌株防治茶丽纹象甲的效果 [J]. 福建省农科院学报 ,10(2):39-43.
吴洪基 , 1994. 圆果大赤螨的初步研究 [J]. 昆虫天敌 ,16(3):101-106.
伍建芬 , 黄增和 , 黄才瑚 , 1983. 海南蝽初步研究 [J]. 动物学研究 , 4(2):151-156.
武春生 , 方承莱 , 2023. 中国动物志 昆虫纲 第七十六卷 鳞翅目 刺蛾科 [M]. 北京 : 科学出版社 .
席羽 , 殷坤山 , 唐美君 , 等 , 2014. 浙江茶尺蠖地理种群已分化成为不同种 [J]. 昆虫学报 , 57(9):1117-1122.
夏怀恩 , 1964. 红点唇瓢虫 (Chilocorus Kuwanae Silvestri) 的初步观察 [J]. 茶叶科学 ,1(1): 56-61.
肖强 , 2013. 茶树病虫害诊断及防治原色图谱 [M]. 北京 : 金盾出版社 .
肖强 , 2019.“张冠李戴”话茶小绿叶蝉 [J]. 中国茶叶 ,41(5): 14-16.
谢蕴贞 , 1957. 中国荔蝽亚科记述 [J]. 昆虫学报 ,68(4):423-448.
谢振伦 , 1985. 茶芽瘿蚊的初步研究 [J]. 华南农业大学学报 ,6(4):69-79.
谢振伦 , 1995. 草间小黑蛛对假眼小绿叶蝉捕食作用的研究 [J]. 茶叶 ,21(2):27-29.

许永玉，牟吉元，胡萃，等，1999. 中华通草蛉的研究与应用 [J]. 昆虫知识，36(5):313-315.

严森祥，1984. 蚧生柄丛赤壳的记述 [J]. 浙江柑桔，1(4):32.

杨发成，杨丽琳，蒋华，等，2024. 云南细香核桃林内捕食性瓢虫资源调查初报 [J]. 生物灾害科学，47(4):606-612.

杨维来，李位三，1997. 墨胸胡蜂生物学特性的观察 [J]. 应用昆虫学报，33(1):28-30.

杨星科，1989. 通草蛉属三近缘种的区别 [J]. 昆虫知识，26(6):360-361.

姚惠明，郭华伟，殷坤山，等，2017. 茶园中几种蓑蛾护囊的识别 [J]. 中国茶叶，39(9): 29.

姚松林，任顺祥，黄振，2004. 日本刀角瓢虫形态特征及生物学特性研究 [J]. 昆虫天敌，26(1):22-27.

叶恭银，胡萃，洪健，等，1992. 茶奕刺蛾核型多角体病毒形态和毒力的研究 [J]. 浙江农业学报，4(3):133-136.

叶正襄，汪笃栋，徐美苟，1984. 蚜虫重要天敌：龟纹瓢虫研究 [J]. 植物保护，10(1):28-29.

殷坤山，1979. 狭带食蚜蝇 [J]. 中国茶叶，2(4):7.

殷坤山，1980. 大草蛉 [J]. 中国茶叶，3(2):31.

殷坤山，陈华才，唐美君，等，2003. 茶尺蠖病毒杀虫剂田间使用技术的研究 [J]. 中国病毒学，18(5):492-495.

殷坤山，周洁，1980. 黑带食蚜蝇 [J]. 中国茶叶，3(1):31-32.

于红国，王昌贵，李宜明，等，2009. 迷宫漏斗蛛生物学特性的观察研究 [J]. 中国生物防治，25(S1):9-11.

藏穆，罗亨文，1976. 圆子虫霉抑制茶小绿叶蝉的初步观察 [J]. 微生物学报，16(3):256-257.

曾明森，吴光远，王庆森，2004. 茶园害虫捕食性天敌：厉蝽的生物学特性初步研究 [J]. 福建农业学报，19(3):137-139.

张汉鹄，谭济才，2004. 中国茶树害虫及其无公害治理 [M]. 合肥：安徽科学技术出版社.

张觉晚，1979. 尺蠖蛾类 [J]. 茶叶通讯，6(2):41-45.

张觉晚，2008. 大鸢尺蠖和灰茶尺蠖各龄幼虫食量观测 [J]. 茶叶通讯，35(1):17.

张觉晚，2008. 大鸢尺蠖生物学特性及无公害防治 [J]. 茶叶通讯，35(2):3-6.

张小亚，陈国庆，黄振东，等，2011. 柑橘灰象甲的生物学特性及防治措施 [J]. 浙江柑橘，28(3):21-22.

章士美，江永成，沈荣武，1980. 六斑月瓢虫研究简报 [J]. 昆虫天敌，17(4):13-16.

赵敬钊，刘凤想，1982. 草间小黑蛛的生物学和数量变动的研究 [J]. 动物学报，25(3):271-282.

赵启民，1980. 红点唇瓢虫 [J]. 中国茶叶，3(6):38.

赵清，2013. 中国益蝽亚科修订及蠋蝽属、辉蝽属和二星蝽属的 DNA 分类学研究（半翅目：蝽科）[D]. 天津：南开大学.

赵世文，2014. 茶锈刺蛾形态特征及生物学特性观察 [J]. 辽宁农业科学，54(1):72-73.

郑乐怡，董建臻，1995. 棘缘蝽属中国种类的修订 [J]. 动物学研究，16(3):199-206.

中国科学院动物研究所，1981. 中国蛾类图鉴 [M]. 北京：科学出版社.

周丽丽 , 1986. 黑襟毛瓢虫的生物学特性及有效积温的初步研究 [J]. 昆虫知识 ,23(2):79-80,93.

周孝贵 , 唐璞 , 吴琼 , 等 , 2023. 茶尺蠖和灰茶尺蠖幼虫两种共有寄生蜂的鉴定 [J]. 中国生物防治学报 ,39(1):1-9.

周孝贵 , 肖强 , 余玉庚 , 等 , 2018. 茶树叶片“千疮百孔”之元凶 : 黑足角胸肖叶甲和毛股沟臀肖叶甲 [J]. 中国茶叶 ,40(10):10-12.

朱海清 , 赵刚 , 1988. 槐尺蠖天敌 : 尺蠖凹眼姬蜂的初步研究 [J]. 昆虫天敌 ,10(3):148-150.

MAHARACHCHIKUMBURA S,HYDE K,GROENEWALD J, et al.,2014. Pestalotiopsis revisited[J]. Studies in Mycology, 79:121-186.

TAO Z L, WANG Z B, XIAO Q, et al., 2021. Neospastis camellia S. Wang, nom. nov. (Lepidoptera: Xyloryctidae), a replacement name of N. simaona in China[J]. Zoological Systematics,46(4):323-327.

WANG D, ZHANG Y, 2022. Three new species in the genus Chanohirata (Hemiptera: Cicadellidae: Deltocephalinae: Penthimiini) from China[J]. Zootaxa, 5129(3):432-441.

WANG W, LI X, LI Z, et al.,2025. Revisiting causal organisms of tea anthracnose: pathogen isolation and pathogenicity identification[J]. Beverage Plant Research 5: e016//doi.org/10.48130/bpr-0025-0005.

XU Y, DIETRICH C H, ZHANG Y L, et al., 2021.Phylogeny of the tribe Empoascini (Hemiptera: Cicadellidae: Typhlocybinae) based on morphological characteristics, with reclassification of the Empoasca generic group[J]. Systematic Entomology, 46(1):266-286.

ZHOU L Y, LI Y F, JI CH Y, et al.,2020. Identification of the pathogen responsible for tea white scab disease[J]. Journal of Phytopathology, 168(1):28-35.

附　录

附录 I　学名索引

D

E

G

H

I

J

L

M

N

O

P

R

S

T

V

X

Z

附录Ⅱ 茶园适用农药品种及其安全使用方法

农药名称	推荐使用剂量（毫升或克 /667 米^2）	稀释倍数	安全间隔期（天）	施药方法、每季最多使用次数
80% 敌敌畏乳油	100 ～ 150	500 ～ 750	7	喷雾 1 次
45% 马拉硫磷乳油	75 ～ 100	750 ～ 1000	14	喷雾 1 次
25 克 / 升联苯菊酯乳油	50 ～ 100	750 ～ 1500	7	喷雾 1 次
100 克 / 升联苯菊酯乳油	12.5 ～ 25.0	3000 ～ 6000	7	喷雾 1 次
10% 氯氰菊酯乳油	25.0 ～ 37.5	2000 ～ 3000	7	喷雾 1 次
4.5% 高效氯氰菊酯乳油	37.5 ～ 50.0	1500 ～ 2000	10	喷雾 1 次
25 克 / 升高效氯氟氰菊酯乳油	37.5 ～ 75.0	1000 ～ 2000	5	喷雾 1 次
25 克 / 升溴氰菊酯乳油	50 ～ 75	1000 ～ 1500	5	喷雾 1 次
240 克 / 升虫螨腈悬浮剂	30 ～ 50	1500 ～ 2500	7	喷雾 1 次
15% 茚虫威乳油	20 ～ 25	3000 ～ 3750	10 ～ 14	喷雾 1 次
70% 吡虫啉水分散粒剂	20 ～ 30	2500 ～ 3750	7 ～ 10*	喷雾 1 次
0.6% 苦参碱水剂	75	1000	7*	喷雾
6% 鱼藤酮微乳剂	40 ～ 60	1250 ～ 1850	10	喷雾
99% 矿物油乳油	300 ～ 500	150 ～ 250	5*	喷雾
8000IU/ 毫克苏云金杆菌可湿性粉剂	100 ～ 150	500 ～ 750	3*	喷雾
1×10^4 PIB·2000IU/ 微升茶核·苏云菌悬浮剂	50 ～ 100	500 ～ 1000	3*	喷雾
1×10^4 PIB·2000IU/ 微升茶毛核·苏悬浮剂	50 ～ 75	750 ～ 1000	3*	喷雾
400 亿孢子 / 克球孢白僵菌可湿性粉剂	25 ～ 30	2500 ～ 3000	3*	喷雾

（续）

农药名称	推荐使用剂量（毫升或克/667 米 ^{2}）	稀释倍数	安全间隔期（天）	施药方法、每季最多使用次数
75% 百菌清可湿性粉剂	100 ～ 125	600 ～ 750	10*	喷雾 2 ～ 3 次
10% 苯醚甲环唑水分散粒剂	50	1500	7	喷雾 2 ～ 3 次
250 克 / 升吡唑醚菌酯悬浮剂	50 ～ 75	1000 ～ 1500	10*	喷雾 2 ～ 3 次
3% 多抗霉素可湿性粉剂	250	300	7	喷雾 2 ～ 3 次
46% 氢氧化铜水分散粒剂	50	1500	3	喷雾 2 ～ 3 次
45% 石硫合剂结晶粉	300 ～ 500	150 ～ 200	采摘期不宜使用	喷雾

注：* 为暂行标准；书中所列可使用的农药品种应随着国家对该农药品种在茶园中的登记调整而做出相应的调整。

图书在版编目（CIP）数据

茶树病虫及天敌图谱 / 唐美君主编 . -- 2 版 . 北京 : 中国农业出版社，2025. 9. --ISBN 978-7-109-33660-5

Ⅰ . S435.711-64

中国国家版本馆 CIP 数据核字第 2025MH8324 号

茶树病虫及天敌图谱

CHASHU BINGCHONG JI TIANDI TUPU

中国农业出版社出版

地址：北京市朝阳区麦子店街18号楼

邮编：100125

责任编辑：陈 瑨

印刷：北京缤索印刷有限公司

版次：2018年5月第1版　2025年9月第2版

印次：2025年9月第2版第1次印刷

发行：新华书店北京发行所发行

开本：787mm × 1092mm　1/16

印张：17

字数：400千字

定价：98.00元